キム・ミニョン
Min-hyong Kim
須見春奈＝訳
ようこそ、
暗記も
テストもない、
もっと自由な
「数」と「形」
の世界
数学クラブへ
晶文社

ブックデザイン
坂川朱音

DTP
飯村大樹

監訳者
山本昌宏

本文に出てくる脚注は2種類あります。
＊の印は、原書からの原注を表し、
★の印は日本語版編集部注を表します。

はじめに

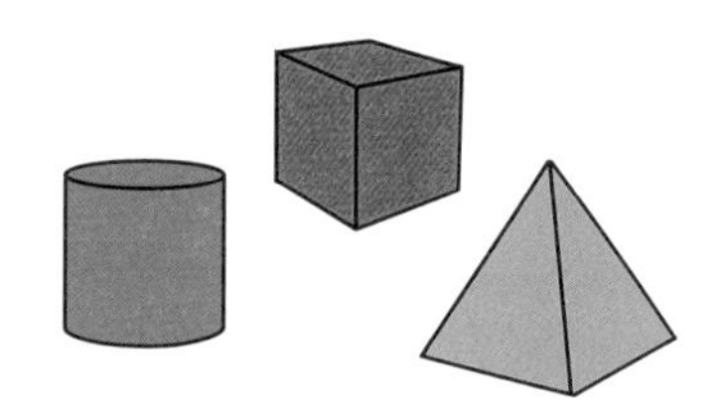

2021年、暑い夏のある日、出版社のインフルエンシャルから10代向けに数学の本をつくらないかと提案をもらいました。僕は学生たちと数学について語り合うことほど楽しいことはないと思っているので、もちろん二つ返事で引き受けました。

その日から、1週間に1度のペースで3人の仲間がソウル・東大門の高等科学院にある僕の研究室に遊びに来るようになりました。小学校高学年のアインさんとジュアンさん、そしてこの本をつくる準備をする編集者のボラムさん。僕を入れた4人で毎回2、3時間ほど数学について楽しく会話しました。ストローの穴は1つなのか、2つなのか。だれにも解読できない自分たちだけの暗号をつくることはできるのか。ピタゴラスは一体なぜこんなに有名なのか……。興味深いけれどちょっと手ごわい数学を語るこの集まりに、僕たちは「東大門数学クラブ」という名前をつけて、とことん話し合いながら数学の難関を乗り越えていきました。そんな「東大門数学クラブ」と一緒に過ごした楽しい時間を綴ったのが、この本です。

数学は、ときに厳密な論理が必要とされたり、難しい計算もあって気難しそうに見えます。その一方ではクリエイティブな一面、直感的な一面、ゲームのような一面などさまざまな顔を持っていて、勉強や研究をしているとそれらの顔が混ざり合った姿で目の前に現れます。なので、みなさんと気軽に楽しくおしゃべりできる数学のテーマは山ほどあります。僕がやりたいように進めてもいいなら、実際に無限に話し続けると思います。

でも、「東大門数学クラブ」のメンバーは僕よりもずっと忙しい人たちでした。いつも僕が一番おもしろいと思うトピックに差しかかろうというタイミングでお別れの時間になるので、それが残念でした。だから、僕は「次に会ったときにはあんな話やこんな話をもっとしなきゃ」と思いながら、次の授業を心待ちにしていました。今振り返ると僕だけ楽しんでいてメンバーたちは乗り気じゃなかったのかもしれないと、今さらながら心配です。それでも、３人はそれぞれあの時間を楽しんでくれていたと信じています。

もどかしいことに、僕たちの会話の楽しさを文字で伝えるのはとても難しいことです。古代アテネの哲学者ソクラテスは文章があまり好きではありませんでした。考えを本に書きとめると、ほかの考えとぶつかり合って変化し、発展していく過程が失われてしまうと信じていたからです。彼は生きた会話が学びへの近道であり、本ではなく心の中に刻まれた言葉だけが真の知恵だと考えていました。

とすると、この本も読まない方がいいのでしょうか？ もちろん、そうではありません。本は学びの出発点で、終わりではありません。物事と世界に対する理解は、ずっと続く探求と対話、そして誤りを正す努力の過程でどんどん形作られていくのですから。だから、僕はこの本を書きながら、その原理を念頭に置いていました。この本を書く目的は、百科事典のように正確な知識を伝えることよりも、みなさんがさまざまな数学の重要なテーマを少しずつ味見するうちに、どうしようもなく興味がわいてきてもっと深く知りたいという気持ちにさせることです。

学校の授業が終わったら宿題があったり、スポーツもやったり、課外活動でいっぱいの毎日を過ごす、忙しいみなさんです。そんな気持ちになってもらうことができるでしょうか？ でも、もっと大切な問いは次のようなものかもしれません。数学の世界にやってきた読者のみなさんは、ここで何を見つけるのでしょうか？ 世界には不思議があふれているとよく本に書かれています。でも、数学的な見方が世界の不思議への理解をもっと深く、豊かにしてくれるのだという事実は、あまり知られていないように思います。

この本はみなさんの興味をそそることができるでしょうか？ どうでしょう。一度読んでみて、ぜひ感想を教えてください。おもしろかった、難しかった、ここがわからなかったとか。僕の予想では、この本の内容は３回目の授業のあたりから少しずつ難しく感じられると思います。数学を勉強する学生に僕がいつも伝えているアドバイスを、ここにも書いておきます。

1. 考えるのが面倒な部分はいったん飛ばしたり、あとで余裕ができたときに戻ってきて読んでみましょう。
2. この本でおすすめしているインターネット上の計算機を自由に使いましょう。
3. あんまりおもしろくない内容があったら、そのままスルーしましょう。

数学が得意になるためにはたくさんの失敗が必要なように、よい本を書くにはたくさんの練習が必要です。ですので、みなさんがこの本を読んで数学の楽しさを少しでも感じてくれたのなら、僕がこれからもっとよい本を書けるようにたくさん感想を聞かせてくださいね。

2022年8月

スコットランド・エディンバラと
イングランド・ロンドンの間を走る列車の中で

キム・ミニョン

Contents

2回目の授業

数の気持ちが読めたなら
ピタゴラスの定理と靴ひも公式

3回目の授業

まだ私のこと数字だって思ってる?
ピタゴラス数とフェルマーの最終定理

Part 2

5回目の授業

解いてみよう!暗号解読大作戦
フェルマーの小定理、オイラーの定理、剰余演算2

プロローグ

みなさん、数学は好きですか？
私たち「東大門数学クラブ」のメンバーは
年齢も、好きなものも、やっていることもみんなちがいますが
「数学」がつないでくれた縁で出会いました。

数学がおもしろくてしかたがないというキム・ミニョン教授は
もっと多くの学生たちが数学を大好きになってくれたらという願いを込めて
私たちとの授業を考えてくれたそうです。

アインは絵を描くのが好きです。
休み時間にはネコの写真をネットで探してながめているほどのネコ派。
一番好きな科目は英語で、正直なところ数学はあまり好きではありません。

ジュアンは科学が好きです。
計算には自信がありますが、まだ数学のおもしろさにはピンときていないそうです。
今は医者になりたいと思っているけれど、やりたいことがたくさんあるので
将来の夢は変わるかもしれません。

ボラムは本をつくる仕事をしています。
数学は好きだったのに得意ではなくて、結局嫌いになってしまった経験があります。
数学への永遠の片思いを何とかしようと、このクラブに入ったそうです。

それぞれまったくちがう４人が集まって、一体どんな話をしたのでしょうか？
「東大門数学クラブ」で開かれた５回の授業のお話を
今からお聞かせいたしましょう。
本当の数学に出会う準備ができたなら
「コン、コン、コン」とドアを３回ノックしてください。
さあ、扉が開きます。

ようこそ、東大門数学クラブへ！

ミニョン
アイン
ジュアン
ボラム

東大門数学クラブ
メンバー大募集

数学をギブアップするべきか悩んでモヤモヤしている人

一体なんで数学なんて勉強しないといけないのか
うんざりしている人

公式は覚えたけれど問題をいざ解いてみるといつも
まちがっていてくやしい人

数学の問題って何の話をしているのかさっぱり
わからないという人

ただただ数学が嫌いな人

いま数学が得意なのか、
どれぐらい好きなのかは関係ありません。

数学ともう少し仲良くなりたいという
気持ちさえあれば
だれでもメンバーに
なることができます。

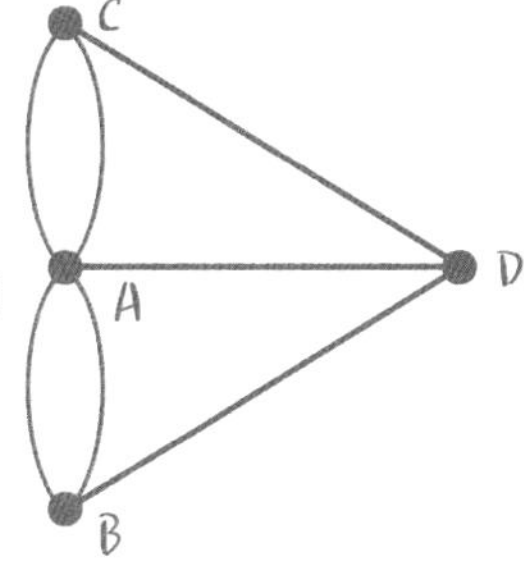

暗記もテストもない数学の世界を
自由に探検してみませんか?

1回目の授業

見た目がちがっても友達になれるよ

位相幾何学とオイラー標数

セミの鳴き声が窓ガラス越しでもにぎやかな夏真っ盛り。坂を越えて、その次の坂道も上ると、オレンジっぽい色のレンガに囲まれた8号館の建物がようやく見えてきた。名前も知らない研究室をいくつも通り過ぎて、ようやくついた323号の研究室。しばらく息を整えてから研究室のドアの横にあるプレートに視線を移すと、夏の暑さに熱せられたおでこに一筋の汗がひんやりと流れた。「数学難問研究センター？ しまった、やっぱり来るべきじゃなかったのかも……」と後悔する間もなく、研究室のドアが開いて、すぐに私たちの最初の授業は始まった。

ミニョン

みなさん、はじめまして！ 僕はイギリスで数学を学生に教えながら研究をしている、教授のキム・ミニョンです。ようこそ。こうやってみなさんに会えてうれしいです！ みんな普段から数学は好きなのかな？

こんにちは！ 私はみんなと一緒に授業を聞いて本をつくる編集者です。なんだかこの中で私が一番数学ができない予感がします。えへへっ。こちらは小学生のアインさんとジュアンさんです。

ボラム

アイン

こんにちは、先生。私は数学が嫌いではないんですけど、もっと好きなのは英語です。

はじめまして！ 僕も数学が嫌いじゃないけれど、科学に一番興味があります！

ジュアン

ミニョン

2人とも嫌いじゃないってことは、数学がかなり好きな方に入ると思いますよ？
さて、それじゃあさっそく授業を始めようか？

Part 1

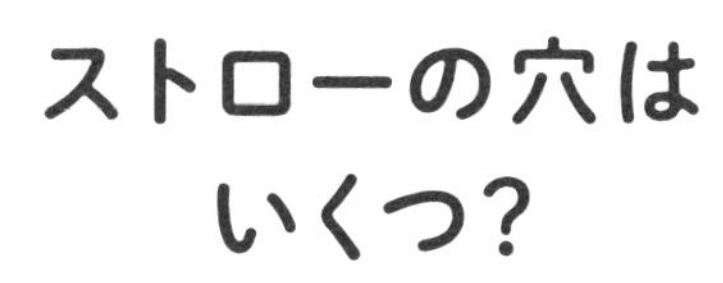

ストローの穴はいくつ?

いきなりですが、こんな話から最初の授業を始めようと思います。昔、とある問題をめぐっていろいろな人が自分こそが正しいんだと言い争っていたことがありました。どこかでこんな質問を聞いたことあるかな?——**ストローの穴はいくつでしょうか?**

さて、ここにストローが1つあります。図を見ると、このストローの穴は1つのようにも、2つのようにも見えます。みなさんはどう思いますか?

「もちろん1つです!」

「2つだと思います。穴は2つで、筒が1つじゃないですか?」

僕はこの話が次の質問と似ていると考えています。このテーブルを見てください。

このテーブルは大きいでしょうか？ 小さいでしょうか？ たぶん見る人によって答えが異なります。大きいとも言えるし、小さいとも言えます。普段よく目にしているテーブルに比べると大きい方な気もするし、僕が使っているテーブルに比べると小さめな気もします。テーブルが大きいのか、小さいのか、はっきりと意見を言うのは簡単ではないですよね？

もう一度ストローの話に戻って、今度はストローをふくらませてみます。次の図のようにストローを横にずっと引っ張ると、そのうちボールの形までふくらみます。さあ、このときの穴はいくつだと思いますか？

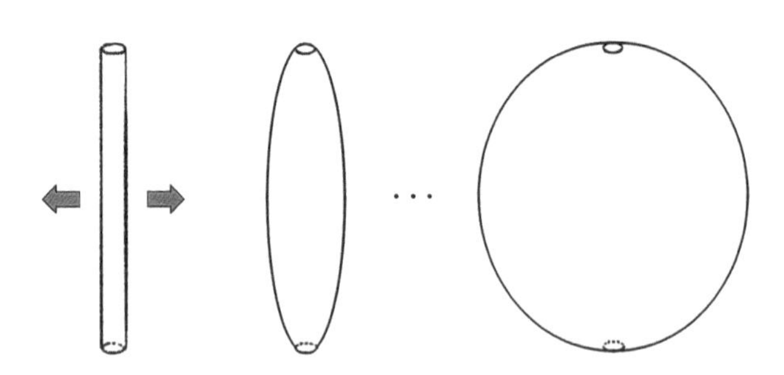

「うーん……2つに見えます」

出発点によって答えが変わるんだということがここからわかります。出発点ってどういうことかというと、たとえばまんまるのボールに同じような穴を開けたと考えてみてください。穴はいくつでしょうか？ 2つでしょう。この考え方ではストローの穴も2つだと思いますよね？

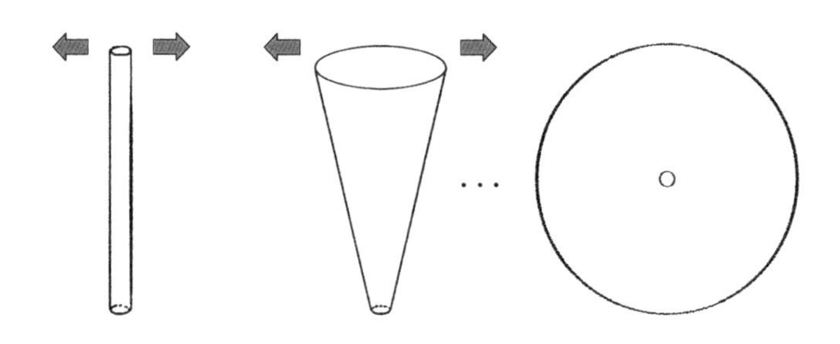

今度は元々のストローの形にまた戻って、下の穴はそのままで上の穴だけ広げてみます。ずっと広げていくと図のように穴の開いたコインの形になりますよね。さあ、穴はいくつだと思いますか？

「今度は1つです！」

さっきは穴が2つだと思っていたのに、こうやって見ると穴は1つに思えますね。ストローは両極端(ボールの形と穴開きコインの形)の中間ぐらいなので、どうりでややこしいわけです。こっちの解釈もそっちの解釈もできるから、答えを出すのが難しい。こういうときには、出発点を逆にして考えるといいですよ。

今度はコインの形から始めてみます。コインの形から外側の端を集めてすぼめていくと漏斗のような形を経て、ストローの形に変わっていきます（コイン→漏斗→ストローの形)。ストローから真ん中の部分をずっと引っ張ると、そのうちボールの形になりますね（ストロー

→ボールの形)。コイン→漏斗→ストロー→ボールの形と続けて変化したわけですが、**いつ穴が1つから2つに変わったのでしょうか？**

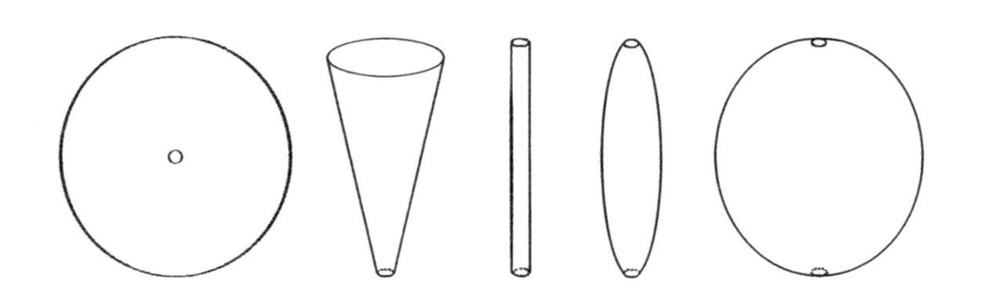

「途中でストローの形になったときだと思います」
「最後にボールの形になったときだと思います」

この質問は、さっきのテーブルの大きさについての問いと似ています。基準が何なのかによって答えが変わってしまうので、はっきりとした答えを出すことが難しいですよね。ここで、いつ穴が1つから2つになったのかの答えを決めるのは無意味かもしれません。ただ、次のようなことは言えると思います。**ものの形がゆっくりと変化していくとき、穴の数は定まっていない**。そう考えたとき、僕たちは「穴の数」がきちんと定義された「概念」ではないと知ることができます。もし穴の数を明確にすることができるなら、いつ穴が1つから2つに変わるのかを言えなければいけませんが、ずっと食い違った答えが出てきますからね。

もちろん、はっきりと言うことができる特性もあります。あるものを少しずつ動かしてゆっくりと変形させても保たれる特性があるのですが、そのいろいろな特性をまとめて「位相」と呼びます。位相はやさしい概念ではもちろんありませんが、これからする話についていくと、「なるほど！」と思える瞬間が来ると思います。

位相幾何学はいつから始まったの？

科学のさまざまな理論はどうやって生まれるのでしょうか？ ずっと前から続いている現象を観察し、考えを整理して体系化していくと、いつしか理論になっているということに気づいたりします。数学の場合も同じです。多様な現象や変わった形についての興味が数学の理論を生んだのです。

18世紀のドイツでは、「ケーニヒスベルクの橋の問題」という謎解きがありました。ケーニヒスベルクという街は川に7つの橋がかかっていたのですが、「7つの橋をそれぞれ1回だけ渡って街全体を歩き回れるのか」というのが問題でした。

多くの人がこの謎を解くために頭をひねりましたが、数学者のレオンハルト・オイラー（Leonhard Euler）は、この問題を解くことは不可能だと数学的に証明したことで話題になりました。この証明が知れ渡ると人々は衝撃を受けました。どうやったら解けるのかを考えたのではなく、絶対に解けないということを証明したからです。

7つの橋の問題は、次の図のような「一筆書きのゲーム」として見ることもできます。この問題では、橋の長さや各地点の間の距離は重要ではありません。むしろ、橋と島の並びのような「抽象的な構造」が重要です。なので、絵の細かな形は気にしなくてもいいのです。

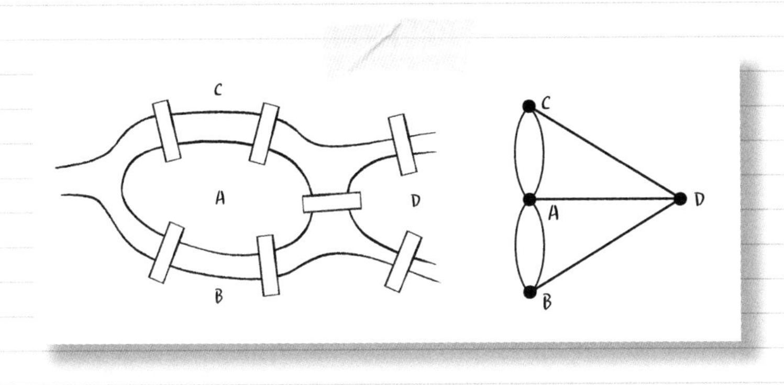

オイラーは、大まかな構造を捉えた発想から証明を思いついたのだと思います。大枠の構造の重要性を直に実感できる例には、ほかに「メビウスの帯」もあります。帯のそれぞれの部分はごく普通の帯のように見えますが、全体的な構造を見てみると微妙なちがいがあります。

オイラーのこの証明の過程から位相幾何学の思想が生まれたという説があります。ここではオイラーの証明について詳しくは説明しません。今の僕たちは位相幾何学を直感的に理解しようとしている途中ですからね。オイラーのこのような研究は「オイラー標数」の概念にもつながっていますが、僕自身もオイラーの数の定義こそが位相幾何学の始まりだと思っています。

形はちがうけれど、私たちは友達

さあ、位相幾何学に少しずつ感覚を慣らしてみましょうか？ 穴の開いたコインからボールの形になるとき、**位相は変わらなかった**と表すことができます。平たかったところからふくらんだら大きさや形は変わりましたが、ずっとどこか似た部分がありますよね？ このようなとき、「位相は変わらなかった」と言います。

図形の位相って何なのでしょうか？ 正確に説明するにはたくさんお話をしなければならないのでここではすべてを扱えませんが、全部説明しなくてもこの言葉と少し仲良くなることはできると思いますよ。

ここにくぼんだ器が１つあります。器の両端をぐいっと引っ張ったら平たいお盆のような形になりました。この２つは位相が同じ（同相）なのです。位相が同じときには、このように波線（〜）で表します。

今度はここに四角形があります。面に穴がない四角形です。三角形と五角形もあります。これらの位相はすべて同じです。そのことをどうやったら書き表せるでしょうか？ 次の図の空欄に位相が同じだという記号を書いてみてください。

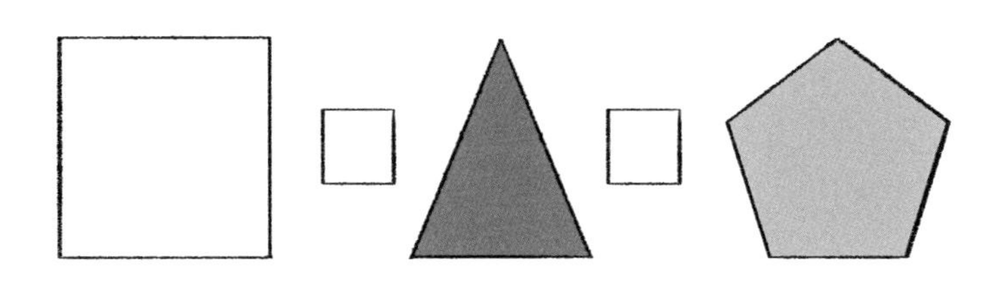

位相が同じという言葉の意味をはっきりとは説明していませんが、まず今は活用する方法を練習しています。小さかったころに何か言葉を初めて覚えるときには、まず使い方を覚えましたよね？ どういう意味なのかはよくわからないまま、活用法をまず覚えたわけです。それと同じように今は「位相」という言葉の使い方を覚えているのです。

ここまでで見てきたように、器の形とお盆の形の位相は同じで、四角形・三角形・五角形も位相が同じでした。そうすると、お盆の形と五角形の位相は同じかな？ ちがうかな？

「ちがうんじゃないですか？」

「ちがう気がします」

実はこの２つも位相は同じです。お盆の端っこがゆっくりと五角形に変形していく様子を想像できますからね。だとすると、どういうときに位相は異なるのでしょうか？ 仮にお盆の真ん中に穴を開けてみたとしたら、位相はちがうものになります。このときは、**位相が同じでないという意味で波線の真ん中に斜線を書きます（≁）**。ちょっとずつわかってきたかな？

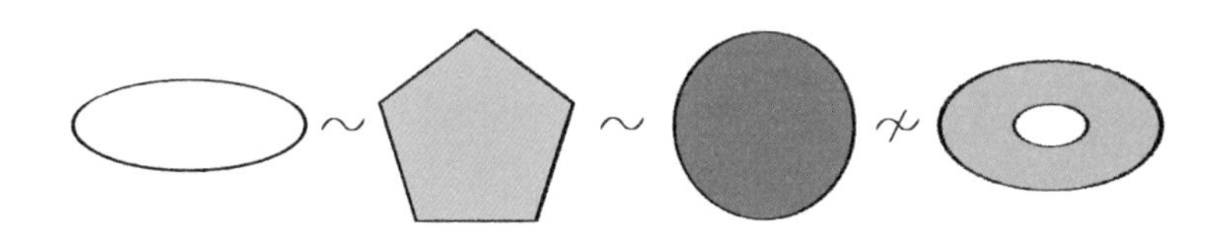

また新しい問題を出しますよ。

正六面体がここに1つあります。四角い箱を思い浮かべてもらえば大丈夫です。そして、その横には正四面体があります。この2つの位相は同じでしょうか？ 異なるでしょうか？ これらの形の中身は空っぽになっているとしましょう。

「同じじゃないですか？」

この2つも位相は一緒です。ボールの形、つまり球と比べてみるとどうですか？ 球の表面だけについて考えてみましょう。

「同じです！」

そう、球も位相は同じです。今度はプールで使う浮き輪を描いてみます。正六面体と正四面体、そして球は浮き輪と同じ位相かな？ ちがうかな？

「うーん……ちがうような気がします」

「賛成です。さっきお盆に穴を開けたら位相がちがうものになるって先生が言っていたからです」

そのとおり。浮き輪は、ほかの形とは位相が異なります。

次の図の空欄に位相の関係を書き表してみてください。

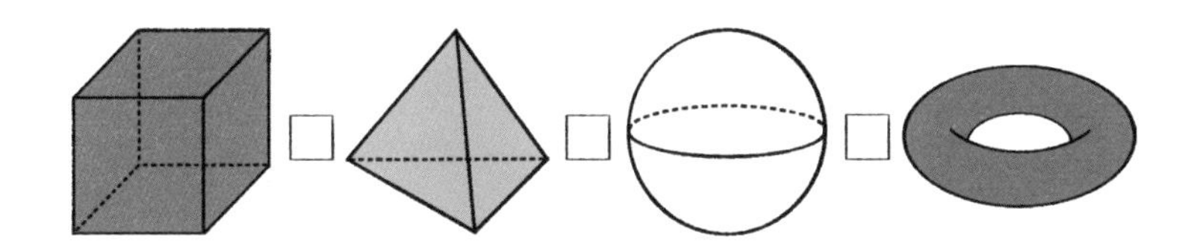

「位相が同じ（同相）」という言葉がどういうことを意味するのか、少しわかった気がしませんか？ 正確な定義は勉強していないけれど、どうやって考えたらいいのか直感的に知っていけばいいんです。

ここでは、絵に描かれているものは全部ゴムでできていて好きなだけ引っ張ったり小さくしたりできると考えましょう。たとえば、正四面体や正六面体にゆっくりと息を吹き込んでいくところを想像してみます。そうすると、2つともだんだん球の形に変わりますよね？ このように形をゆっくりと変えていくのはオーケーですが、破ったり貼り付けたりするのはダメです。1つの形から別の形に連続して形を変えられる場合は、同相と言います。それが不可能ならば、位相は異なるのです。「位相が同じ」という言葉は、こんなふうに説明すればよいでしょう。このように、図形の性質を数学的に探究する分野を位相幾何学と言います。

Tシャツの端を見つけよう

ストローの穴の数については、答えにはならない答え（?）を教えましょう。まず、この「答え」について話すために必要な概念を1つ紹介します。

三角形・お盆の形は、正四面体・浮き輪の形と大きく異なる性質を持っています。数学的な言葉で表現すると「境界がある」と言います。

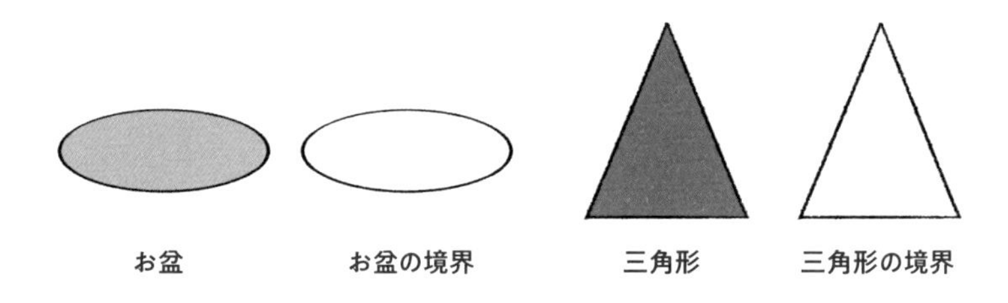

ものには端っこがありますよね。お盆の場合はお盆の1番外の端、つまり境界は円の形です。三角形の境界はどうでしょうか？ さっきの図のように、中身が空っぽの状態で線だけでできた三角形のはずです。でも、球の場合はちがいます。境界がありません。数学ではあるものについて話すとき、境界があるのかないのかは、大きなちがいになります。もう一度ストローの問題に戻りますが、ストローには境界

はいくつあるでしょうか？
「3つ？」
「4つ？」
　まだよくわからないですよね？ また、あとで確かめてみましょう。ストローのことは少し置いておいて、お盆の話を続けようと思います。お盆の境界はいくつでしたっけ？
「1つです」
　そうです。お盆の端っこは円1つです。では、穴の開いたコインの境界はいくつでしょうか？
「2つです。外側と内側にそれぞれ円の形があるもん！」
　そうですね。このコインを上の方に引っ張ってランプシェードの形をつくってみました。このときの境界はいくつでしょう？
「2つです」

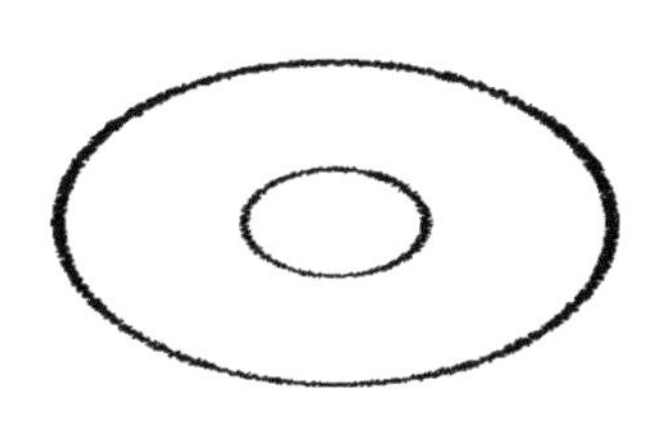
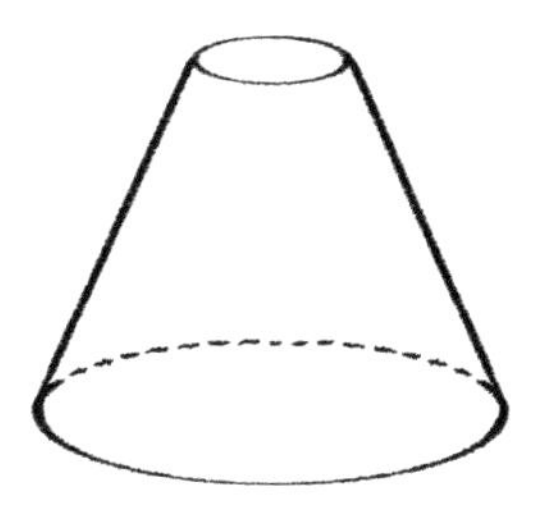

　境界は2つですね。ランプシェードの形をずっと引き伸ばしていくと長くてほっそりしたストローの形になります。だとすると、ストローの形の境界はいくつかな？
「2つです」
　そう、2つです。ストローの形の真ん中のあたりをつかんで引き伸ばして球をつくっても、ずっと境界は2つです。僕が境界の話をした理由は、穴の数が数学的にきちんと定義された概念ではないからです。だから、位相が同じなのに人によって穴の数の答えが異なります。でも、境界の数は変わりません。このような理由で数学的にもっと厳密な表し方をするならば「ストローの境界は2つ」と言うのが良いのです。

僕が着ているTシャツの境界はいくつでしょう?

「4つです」

そう、4つです。Tシャツが糸を織ってできていることはいったん無視して、つるっとした平面だと考えてみましょう。さっき話したほかのいろいろな形もこんなふうに仮定にもとづいて「理想化」をしています。そのように考えると、Tシャツの境界は4つです。

この境界の形はどうなっていますか? 図を見たらわかるように円形です。このとき、僕たちはすでに位相幾何学の用語を使っています。とくに説明をせずに、いきなりだれかにこの境界の形を聞いたら、普通は何て答えるでしょうか? おそらく「円」という答えはあまり返ってこないでしょう。首や腕といった人間の体が出入りする穴は少しゆがんでいますからね。それでも、大きな問題はありません。なぜでしょう? ゆがんだ穴でも、円の位相とはどんな関係でしょうか? 僕が今から言う言葉が何か、みんなわかるよね?

「位相が同じです！」

だから、位相幾何学の視点ではこれらの穴を円だと言っても問題がないのです。そして、このＴシャツについても境界が４つの円でできていると言えます。

「先生はストローの穴の問題を初めて聞いたとき、穴はいくつあるって答えたんですか？ 気になります」

えっと、僕は答えを言いませんでした。僕と数学の話をこれからたくさんしていくと気づくと思いますが、僕は答えるよりも質問をする方がメインなのでね。ハハハッ。

メビウスの帯を切ったら何が起きるかな?

さあ、今からは細くて長い紙切れを使って話をしていきます。これは今まで見てきた形の中のどれと位相が同じかな？

「四角形です！」

そう、四角形と位相が同じです。そして三角形やお盆の形とも同じ位相です。

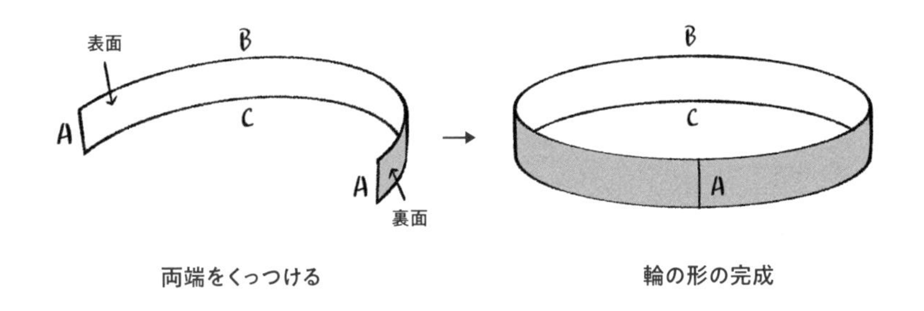

でも、この紙切れの端っこを貼り合わせて輪の形をつくると、位相は変わります。さっきまで見ていた形のどれと同じ位相でしょうか？ストローと同じです。ストローとはまわりの長さと高さがちがうだけで、位相は同じです。ストローを左右に引っ張った後、上から押しつぶすと輪の形になるはずです。とすると、この輪の形には境界がいくつあるでしょうか？

「2つです」

そうですね。2つの円がこの輪の形の境界です。紙切れを貼り合わせる前までは境界は1つでした。それなのに、境界の一部をひっつけたら境界の数が増えてしまいました。

また1つ新しい形をつくってみましょう。もう一度細長い紙切れに戻ってきて、今度は紙を1回ひねったあとに端同士を貼り付けます。どこかで見たことがあるような形ですよね？ これこそメビウスの帯です。

メビウスの帯には特別な性質があるのですが、それが何か知っている人はいるかな？

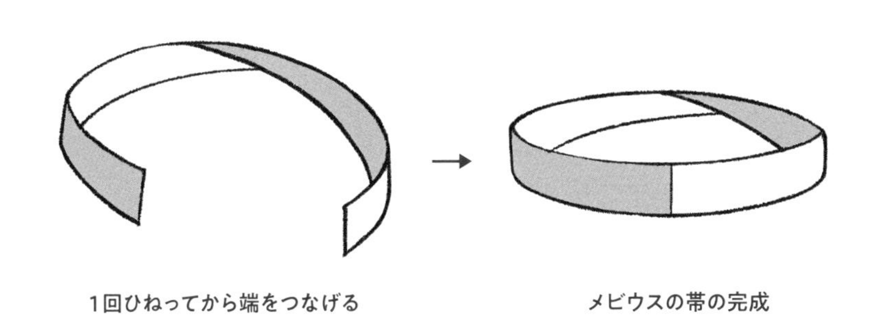

1回ひねってから端をつなげる　　メビウスの帯の完成

「端っこがありません」
「メビウスの帯に線を描くと線がぐるぐる続きます」

そうです。でも、普通の輪の形も線を描いたらずっと同じところをぐるぐるしますよね？ この2つのちがいは何でしょうか？

「境界！ 境界がちがいます」

そうです。2つの形のちがいを知るためには境界がとても重要です。メビウスの帯には境界がいくつあるでしょうか？

「1つだと思います」

帯のある一面に沿って線を描いていくと、帯のすべての輪を通って元の位置まで戻ってきますよね。これは境界が１つしかないことを意味しています。

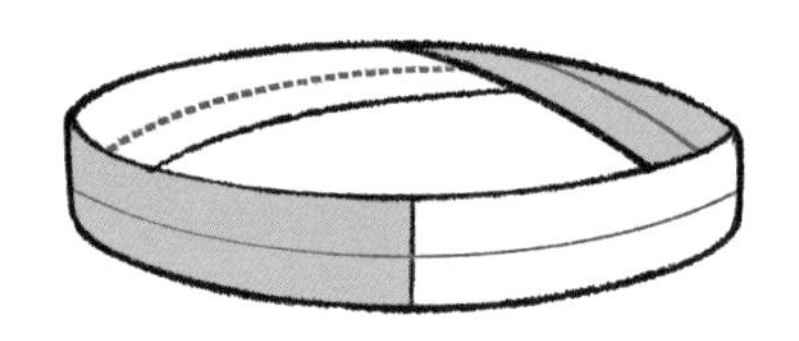

僕はここが一番不思議です。輪の形の境界は２つの円だったのに、メビウスの帯の境界は円１つ。輪の形からただ少しねじったほかに、何もちがいはないのに。

メビウスの帯を切ってみたことがある人はいるかな？ 切るとどんなことが起きると思いますか？ メビウスの帯を切ってみる前に、輪の形を切ってみましょう。輪の幅の真ん中をチョキチョキと切っていくとどうなるでしょうか？

「同じ形の輪が２つできます」

そう、輪が２ピースに分かれます。この２つの輪は元の形と位相が同じです。そうすると、メビウスの帯だったらどうなるでしょう？

メビウスの帯を切ってみたら、もっと大きく、長い帯になりました。輪を切ったときとはちがう結果になりましたね？ これもまた、メビウスの帯が持っている特別な性質です。そして、切ったあとの帯は切る前の帯と位相が異なります。最初のメビウスの帯は１回ねじれていましたが、切ったあとには２回ねじれているので、位相が同じにはならないのです。そうすると、こんなふうに切ったあとの帯の境界はいくつでしょうか？ ゆっくり数えてみてください。

「うーん……2つの円がからまっているから…境界は2つです！」

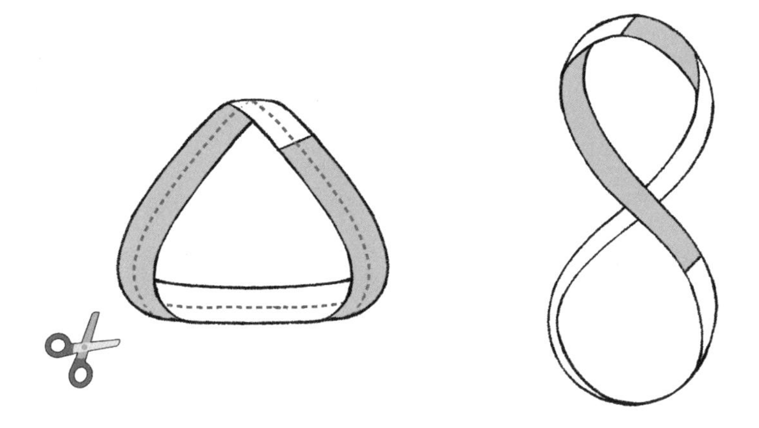

そうですね。このように境界の数がちがうので、2つの形の位相はちがうということがはっきりとわかります。みなさんには少し難しい内容だったかもしれません。ですので、このパートは頭で考えるだけではなくて実際に紙で形をつくったり切ったりしてみるのがおすすめですよ。

数学って
簡単でしょ？

Part 2

まんまるの地球を ペラペラの紙に おさめるには

僕は位相幾何学が大好きなので無限にいろいろ話せる気がしますが、僕たちに与えられている時間は限られているので、新しい形をあとちょっとだけ紹介しようと思います。

さっきまで僕たちは境界がない形を２つ見ていましたね。１つは球でしたが、もう１つは何だったかな？

「えっと……」

プールで遊ぶときに使う浮き輪の形にも境界がありませんでした。次の図のように、浮き輪の形の一部に切り込みをいれるとストローと同じ位相になります。境界ができてしまいましたね。このストローの形をさらに切って広げたら、どんな形になるかな？

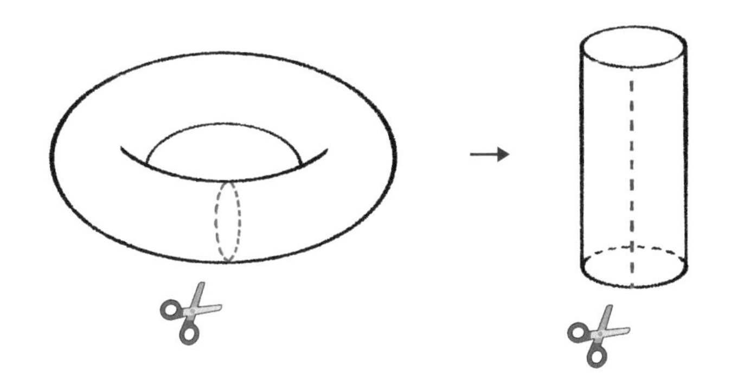

「長方形です！」

はい、四角形になりました。今は形の位相について話しているところなので、必ずしも長方形である必要はありません。位相の世界には長方形がないんです。この長方形をゆっくり変形させたらほかの四角形と同じですからね。この四角形はさっきまで見ていたお盆の形とも同相です。

境界がない形はどうやったらつくれるのでしょうか？ 実は、境界がある形の境界同士をくっつけるとできることがかなり多いんです。さあ、さっきとは逆に四角形から浮き輪の形をつくってみますよ。まず、図のAの部分同士を合わせます。その次にBの部分を合わせてみます。そうすると、境界がない浮き輪の形ができあがります。図のようにA、Bを表すとAとA、BとBが同じであるという意味になります。

図を描くとき、平面だと楽ですよね。なので、平面に形を描いたあとにAとAが等しいと書き表せば、浮き輪のような形をとても簡単に表すことができます。

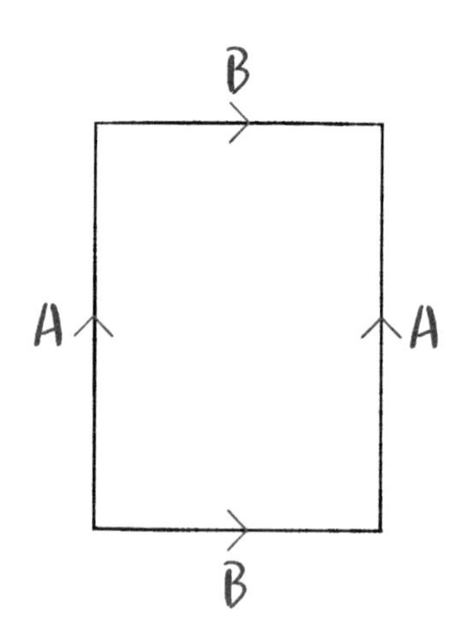

次のように考えてみましょう。浮き輪の形になっている世界で地図をつくってみると仮定します。このときも平面の上に地図をつくった方が簡単にできますよね？ 平面の地図上でAとA、BとBがそれぞれ等しいこと

だけ覚えておけばいいんです。この浮き輪の形は，英語ではトーラス（Torus）と言います。トーラスのことをもっと簡単に理解する方法を1つ教えましょう。インターネットでトーラスゲーム（Torus Games）と検索してみてください[*1]。ゲームを楽しみながら、トーラスの世界について楽しく勉強できますよ。

*1 https://www.geometrygames.org/TorusGames/index.html.ja
（大文字・小文字は区別して入力してください。）

あれ、不思議だな？ なんで引いて、足すの？

ここまでに勉強した形の中に四面体と六面体がありましたね。そのうち、六面体は普段の日常生活でもよく見る形です。正六面体の頂点はいくつかな？

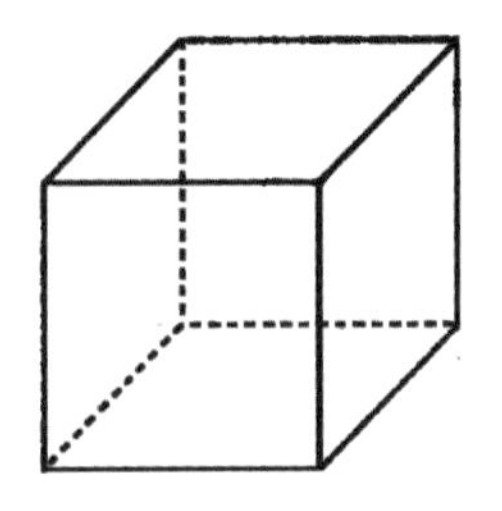

「8つです」

そう、正六面体の頂点（Vertex）は8つです。辺（Edge）は12個。上に4つ、下に4つ、横に4つ。全部合わせて12個。面（Face）は六面体なので6つです。

オイラー標数って聞いたことはありませんか？ 今僕たちが数えた数でオイラー標数を求めることができるんです。頂点（V）の数から辺（E）の数を引いて、そこに面（F）の数を足せばオーケーです。

$$V-E+F$$

正六面体の場合、8-12+6=2になりますね。なので、正六面体のオイラー標数は2です。どうですか？ 簡単な計算でしょう？

今度は正四面体のオイラー標数を求めてみましょう。正四面体の頂点は4つ、辺は6つ、面は4つです。この場合、オイラー標数はどうなりますか？ V-E+Fを使って計算してみてください。

「4-6+4=2だから、また2になりました」

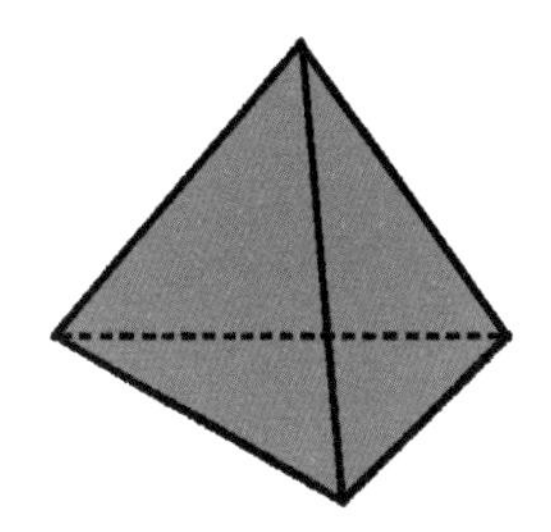

このように計算して求めたオイラー標数をχ（カイ）と言います。χはギリシャ文字です。数学者が昔から使っている表記法ですが、こういう形で数学を勉強しながらギリシャ文字を勉強するのもまたおもしろいですね。

さっきは、正四面体のχが2であることを確かめました。今度は正八面体のオイラー標数も求めてみましょうか？

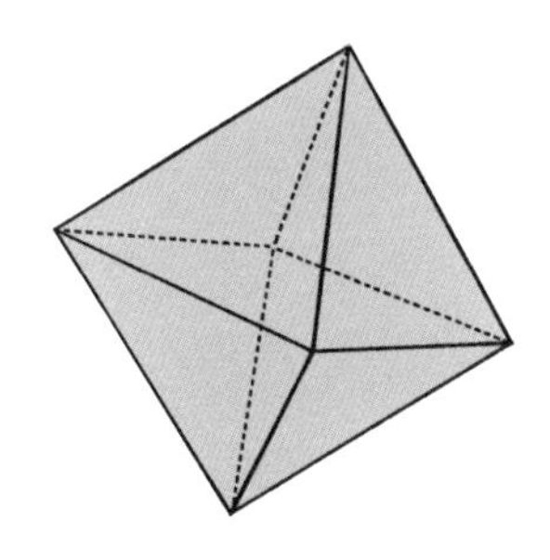

正八面体の頂点は6つ、辺は12個、面は8つです。6-12+8=2なので、正八面体のオイラー標数もまた2になりましたね。これはとても不思議な現象です。数学者のオイラーが18世紀に初めてこれを発見しました。オイラーはとても優れた数学者です。数学の概念と科学の理論をたくさん生み出した人だと言われています。

正多面体がいくつあるか知っていますか？ 正多面体のことを「プラトンの立体（Platonic Solid）」と言ったりしますが、それはこの概念がプラトンの書物に初めて登場したからです。プラトンは正多面体は5つだと言いました。正四面体、正六面体、正八面体、正十二面体、正二十面体の5つです。

正多面体が5つしかないというのはおどろきです。正多面体とは、すべての面が等しい多角形で、すべての頂点に対してすべての面が同じ角度をつくる図形です。そんな正多面体がたった5つだけという事実は、なんでこんなに意外なのでしょうか？ みなさん、正多角形がいくつあるかはわかりますか？

「無限個です！」

そのとおり。正四角形、正五角形、正六角形……このように正多角形は無限にあります。それなのに、正多面体は不思議なことに5つしかないんです。これ以上つくれないんですよ。説明するとかなり長くなるので詳しい話はここではしませんが、なんで5つしかないのか、あとでそれぞれ考えてみてくれたらうれしいです。

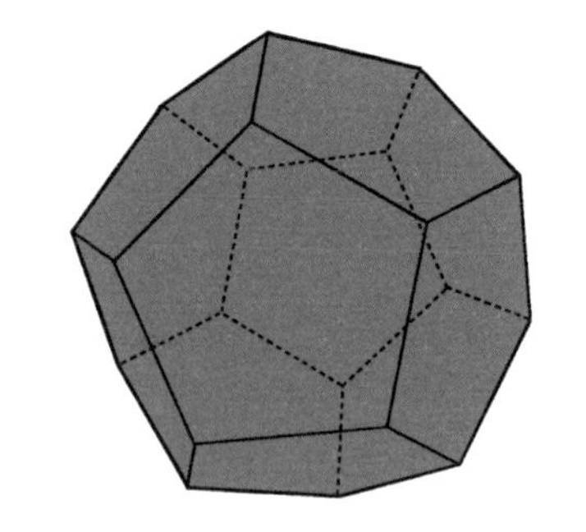

次に、正十二面体を見てみましょう

か？ 頂点は20個、辺は30個、面は12個です。とすると、正十二面体のオイラー標数は？

「20-30+12=2だから、2です！」

はい、また2ですね。正四面体、正六面体、正八面体、正十二面体、正二十面体のオイラー標数はみんな2なんです。頂点、辺、そして面の数はそれぞれちがいますよね？ なのに、引いたり足したりすると、いつも2になります。

これはとても重要なポイントです。オイラーがこれに気づいたことが、今僕たちが勉強している位相幾何学の出発点なのでね。ここで、不思議なことが1つあります。頂点、辺、そして面の数を数えることはだれだって思いつきますよね。全部足してみることも思いつきそうです。でも、どうして引いてから足そうと思ったのでしょうか？ とっても不思議ですよね。「一体だれが何のためにこんな計算をしたのか？」僕は数学者としてこの点が一番興味深いと思っています。

このような計算を初めて行ったのがオイラーなわけですが、計算をしているうちにとっても奇妙な現象を見つけました。正多面体の頂点と辺と面をすべて足すと、それぞれちがう数になりますね。なのに、引いて足したら、いつも同じ2になるんです。この発見が、あとの数学、物理学、物質理論などに大きな影響を与えることになります。

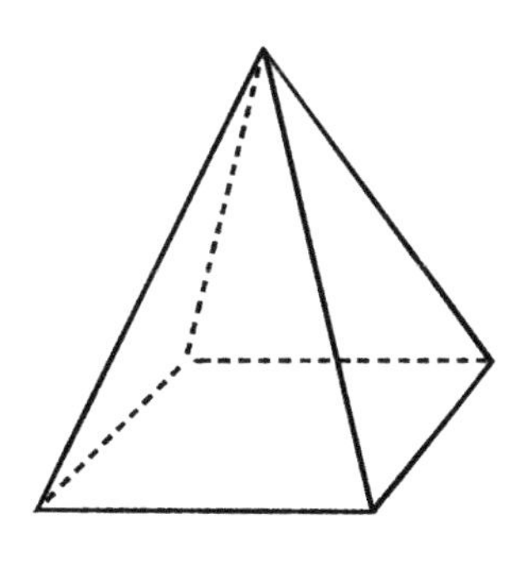

他の形も見てみましょうか？ ここまでは正多面体を扱いましたが、今度はピラミッドの形を一緒に見てみましょう。ピラミッドの形は多面体ではあるものの、正多面体ではありません。そういえば、「多面体」が正確にはどういう意味なのか話していませんでしたね。多面体は多角形の面、その面の境界である辺、その辺の終わりにある頂点が集まってつくられる形です。それでは、正多面体でなくてもオイラー標数が求められるのか確かめてみましょうか？

ピラミッドは、側面が三角形、下が四角形になっている形です。ピラミッドの頂点は５つ、辺は８つ、面は５つです。5-8+5=2 なので、ピラミッドもオイラー標数は２になりますね。

プリズム（三角柱）の形も見てみましょうか？ ガラスのように透明な物質でつくったプリズムは、光を当てると虹が現れます。

プリズムの頂点は６つ、辺は９つ、面は５つです。6-9+5=2 で、プリズムもオイラー標数は２になりましたね。何かパターンが見えてきませんか？ そうすると「形をずっと変えていってもオイラー標数は２だけなのか？」という疑問が出てくるはずです。はたして事実かどうか確かめてみましょう。

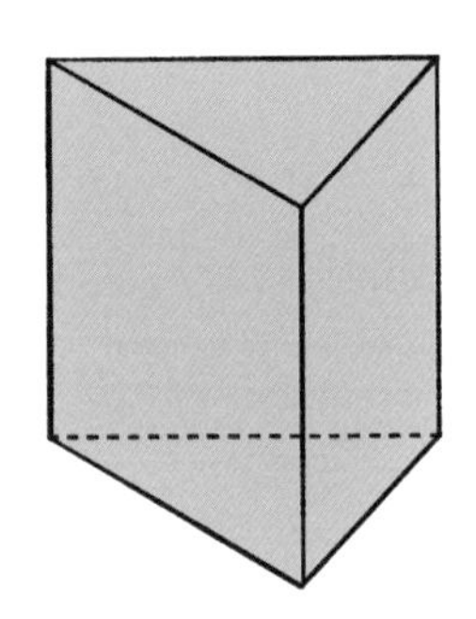

オイラーってどんな人？

数学者として知られているオイラーは、「最も優れた18世紀の数学者のひとり」と呼ばれるほど、科学や数学などさまざまな学問でずば抜けた才能を発揮しました。

オイラーは前の方で触れた「ケーニヒスベルクの橋の問題」や、80年以上数々の数学者たちが挑んでも解くことができていなかった「バーゼル問題」のような問題を解いただけでなく、数学の体系化において大きな役割を果たしました。とくに、ケーニヒスベルクの橋の問題はグラフ理論と位相数学に影響を与え、バーゼル問題は数をたくさん規則的に加えていく無限級数の理論と深い関わりがあります。

オイラーの最も偉大な功績として、ジョゼフ=ルイ・ラグランジュ（Joseph-Louis Lagrange）の名前も冠した「最小作用の原理」の方程式をあげることができるでしょう。「オイラー＝ラグランジュ方程式」としても知られているこの方程式は、のちに一般相対性理論のアインシュタイン方程式、そして現代物理学における素粒子物理学のすべての方程式の礎となる、本質的な発見でした。「光は経路が最小になるように進む」という発見のようにです。

オイラーは、たくさんの本と論文を書いた学者としても有名です。

1726年から1800年までの間にヨーロッパで発表された数学、物理学、工学の論文のうち、約3分の1は彼が書いたのだという主張がなされるほどです。もう1つのおどろくべき事実は、彼の著書の半分近くは、オイラーの目が見えなくなった60代半ば以降に書かれたということです。オイラーはサンクトペテルブルク科学アカデミーでは測量学と船舶の設計についての論文を書き、ベルリン科学アカデミーでは会計学と保険数理学まで研究した、優れた応用数学者でした。スイス自然科学アカデミーが1911年からオイラー全集を発行していますが、70巻以上が出版された今でも、まだ完結していないそうです。

オイラーの悩み

新しい図形を紹介しましょう。今度は次の形のオイラー標数を計算してみようと思います★1。

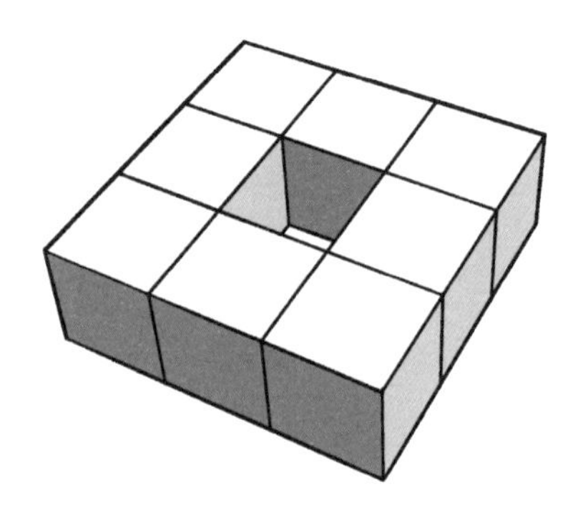

まず、頂点の数から数えてみましょうか？ 1、2、3、4……上に16個、下にも同じ16個ありますね。だから、頂点は全部で32個です。

辺の数も一緒に数えてみましょう。上に24個、横に12個、内側に4個、下に24個あります。

★1 この図形はもともと8つの直方体に分割されているわけではありませんが、ここではオイラー標数の計算のために、直方体のような頂点、辺、面が簡単に識別できるような立体図形に分割して考えています。ここでは触れられていませんが、オイラー標数の計算は、適当な範囲で分割の仕方を変えても常に同じ値になることを証明することができます。

「24+12+4+24=64、辺は全部で64個です」

次は面の数です。上に8個、下に8個ありますね。横は12個、内側は4個です。8+8+12+4=32で、面は全部で32個です。さて、この形のオイラー標数を計算してみると……？

「32-64+32=0って、あれ？ 2じゃなくて0になりました！」

そう、オイラー標数は必ず2になるわけではないということがわかりますね？ オイラーも計算してみて、みなさんと同じことが気になりました。オイラー標数が2のときもあれば、2ではないときもあるんです。なら、**どういうときにオイラー標数が2になるんでしょうか？**

この問題は数学の歴史上でも特殊なものだと言えます。なぜなら、この問題にはすでに「多角形のオイラー標数は2である」という答えが出ています。問題は、問いの方がわからないということでした。どういうときにオイラー標数が2になるのかがわかれば、「こういう条件が満たされるとオイラー標数が2になる」という数学的な定理をつくることができますよね。答えはわかっているのに、定理そのものが一体何なのかわからないという変わったケースです。

では、オイラー標数を比較的簡単に求めることができる方法を1つ紹介しましょう。今からのお話についてくることができれば、オイラー標数の性質について直感的な理解ができるはずです。正六面体の面は四角形で、正四面体の面は三角形、正十二面体の面は五角形だったのを覚えていますか？ でも、次の図はかなり複雑な多面体です。ある多面体の面が四角形の部分だけ描いたものです。

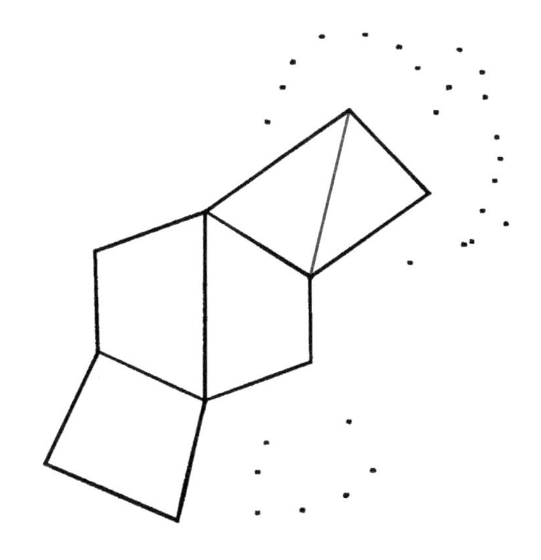

「うーん……思ってたよりも複雑そうには見えませんけど」

ハッハッハ！ 複雑だってことにして、よく見てみてください。ここには多面体の一部である四角形の部分だけ描かれています。この四角形の中に辺を1つ書き入れて2つの三角形に分けてみます。

そうすると、オイラー標数はどのように変わるでしょうか？ 頂点の数は同じです。辺と面はそれぞれ1つずつ増えましたよね。これを整理すると、V-E+FのVはそのまま、EとFは1つずつ増えたので、V-(E+1)+(F+1)になるので、全体で変化はありません。このように図形を分けてもオイラー標数は変わらないのです。

ここにまた別の複雑な形の多面体があります。同じように多面体の一部だけを平面に描いてあります。

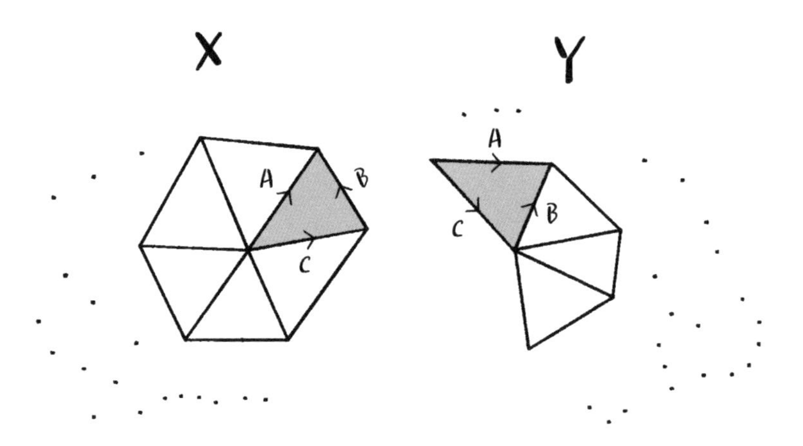

ここでは左の多面体をX、右の多面体をYと呼ぶことにしましょう。XとYの色を塗った三角形の部分を切り取ると境界線同士をくっつけることができます。XのAとYのA、XのBとYのB、XのCとYのCを合わせてみます。そうすると、XとYを組み合わせた新しい多面体ができますよね？　これをZと呼ぼうと思いますが、シャープ（#）の記号を使って、ここまでの話を次のように表現することができます。

$$Z=X\#Y$$

これは多面体Xと多面体Yを組み合わせることを意味しています。多面体の足し算ですね。このときオイラー標数はどうなるでしょうか？

はじめに、XとYそれぞれのオイラー標数がありますよね。さっき習ったχを使ってχ(X)、χ(Y)と表します。ここから三角形を1つずつはずしたとき、どんな変化が起きるでしょうか？

多面体Xから三角形を1つはずしても、すべての辺はそのまま残っています。それぞれの辺は他の三角形に接していましたからね。では、頂点の数は変わるでしょうか？

「そのままです」

はい、同じですね。面の数だけが１つ減るんです。そうすると、多面体Xから三角形を１つはずした多面体X'のオイラー標数は1減って、χ (X)-1 になりますね。多面体Ｙから三角形を１つはずした多面体Y'のオイラー標数も χ (Y)-1 です。次の表を見てみると、よりわかりやすいかと思います。

	V	E	F	オイラー標数
三角形をはずした多面体X'	-	-	-1	χ(X)-1
三角形をはずした多面体Y'	-	-	-1	χ(Y)-1

そうしたら、三角形をはずした場所に合わせて多面体X'とY'をくっつけるとどうなるのか見てみましょう。

２つの三角形が１つの三角形になります。このとき、辺の数はどうなるでしょうか？ Y'の三角形の３つの辺がX'の三角形にくっついたので、辺が３つ減ります。同じように頂点も３つ減ります。面はどうでしょうか？ 面はもう切り離したあとなので変化がありませんね。

	V	E	F	オイラー標数
X'とY'を組み合わせた時	-3	-3	-	χ(X)+ χ(Y)-2

では、多面体XとYを組み合わせた多面体Zのオイラー標数χ(Z)を求めてみましょう。V-E+Fの式に当てはめてみてください。
「χ(X)-1+χ(Y)-1+(-3)-(-3)+0です」
そうです。これを計算すると、χ(X)-1+χ(Y)-1、つまりχ(X)+χ(Y)-2ということですね。

$$\chi(Z)=\chi(X)+\chi(Y)-2$$

ここまでで、多面体の演算では多面体それぞれのχを足していくのではなく、足したあとに2を引くことでオイラー標数が計算できるということがわかりました。どうですか？ ぱっと見たら複雑そうに見える問題も、きちんと順番に考えていけば意外とそんなに難しくないんですよ。

スタンフォードラビットを見つけよう

さあ、ここまで来たらあと少しです！ 最後にあともう何種類か形を見てみましょう。

こんなふうに丸い浮き輪のオイラー標数はどうやったら計算できるでしょう？

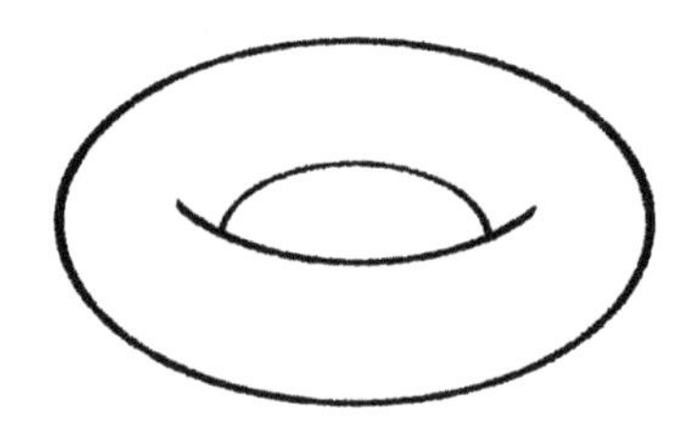

「うーん……浮き輪の形には面、辺、頂点がないから計算できない気がします」

そうですよね。でも実は計算できる方法があります。こういうときには位相が同じ多面体を探して、それでオイラー標数を計算すればいいんです。どんな形がこの浮き輪と同相でしょうか？

「さっき見た四角いドーナッツです」

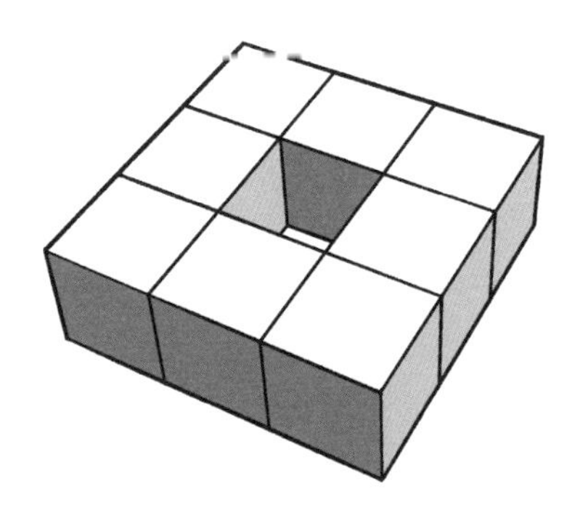

はい、四角いドーナッツの再登場です。この多面体のオイラー標数はいくつだったかな？

「0です！ 2じゃなかったから、よく覚えています」

そうでしたね。だから、丸い浮き輪のオイラー標数も0です。

別の多面体も一緒に見てみましょう。見た目はちょっとちがいますが、この多面体も浮き輪みたいな形をしていますね。この多面体のオイラー標数はいくつでしょうか？

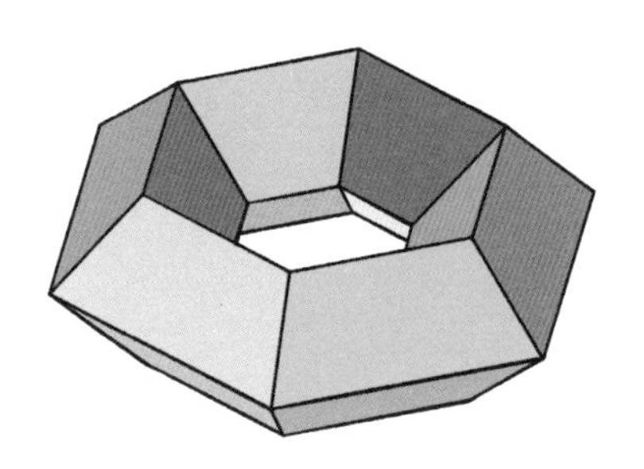

「0です！」

正解です。この浮き輪みたいな多面体もオイラー標数は0です。本当にそうか確かめてみましょうか？ この多面体の頂点は、上に6個、下に6個、外側の真ん中に6個、内側にも真ん中に6個あるので、全部で24個です。辺の数はちょっと面倒ですが数えると48個です。面の数は24個。さあ、これで計算できそうですね？

「24−48+24=0だから、0で合っています！」

さて、ここまで位相という概念にいろいろな方向から触れてみました。大事なのは、位相が同じ多面体はオイラー標数も同じだということです。これを証明するのはとても難しいのですが、いろいろな活用ができます。これを活用して多面体ではないもののオイラー標数を定義することだってできます。

たとえば、Xというものがあったとします。Xのオイラー標数$\chi(X)$を計算するためにはXと位相が同じ多面体Yのオイラー標数$\chi(Y)$を求めればいいんです。$\chi(X)=\chi(Y)$になるからね。でも、だれかがXと同相の多面体Zを使って$\chi(X)=\chi(Z)$をすでに計算してあると仮定します。このとき、多面体Zは多面体Yとも同相なので、$\chi(Y)=\chi(Z)$になりますよね。こうやって、Xと同じ位相の場合はどんな多面体を使ってもオイラー標数を計算することができるんです。

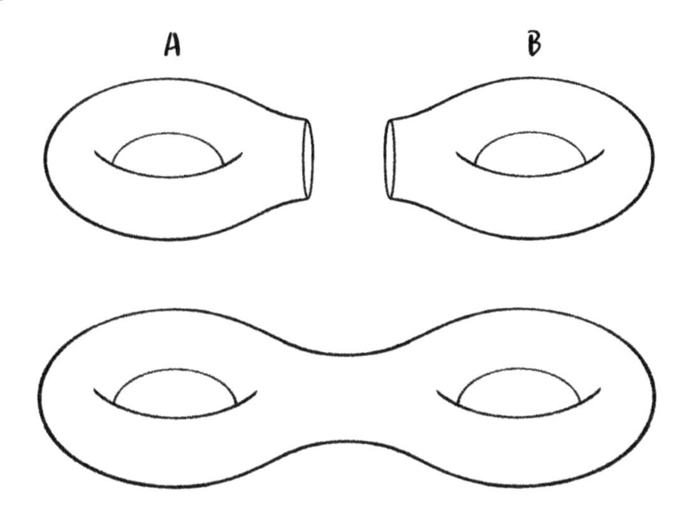

練習を続けましょう。浮き輪の形Aと浮き輪の形Bの側面をそれぞれ切り取ったあと、その切り取りに合わせてAとBをくっつけました。それでは、この多面体のオイラー標数はどうやったら計算できるでしょうか？

さっき、多面体の演算をするには多面体それぞれのχを足したあとに2を引く必要があるという話をしましたね。同じ論理をこれに当てはめると、この新しい浮き輪型のオイラー標数は0+0-2=-2になります。もし、ここにまた同じように浮き輪Cをもう1つくっつけるとどうなるでしょう？

「オイラー標数が -4になります」

そうですね。では、今度は球のオイラー標数を当ててみましょうか？ヒントは、さっき話したように、球は正四面体と同相だというところがポイントです。

「2です！ 正四面体のオイラー標数が2だから」

そのとおり。オイラー標数は、球だと2、浮き輪だと0になって、浮き輪を2つくっつけた形だと -2、浮き輪を3つくっつけると -4というように変わっていきます。浮き輪が1つ増えるたびにオイラー標数は2ずつ減っていきます。

そろそろ、オイラー標数を簡単に計算する方法に気づきましたか？実は、オイラーが直面した問いに対する答えをすでにちらっと教えてしまいました。「どんな多面体のオイラー標数が2なのか？」という問いの答えが何か、もうわかりますね？

「穴がない多面体です」

それも1つの表現ですが、「穴がいくつある」というのは位相幾何学では厳密な定義ではないという話をさきほどしましたね。どうすると、より良い表現になるでしょうか？ ヒントをあげましょう。次のようにアプローチしてみてください。「多面体が球と＿＿＿ならオイラー標数は2である」。線を引いた部分にはどんな言葉が入るかな？

「位相が同じなら」

そう、これが答えです。**球と同相ならば多面体のオイラー標数は2である**。オイラーが頭を悩ませた問いに対して、数学者たちが長い時間研究した末にやっと見つけた答えです。この概念に慣れるために、もう少し練習を続けてみます。

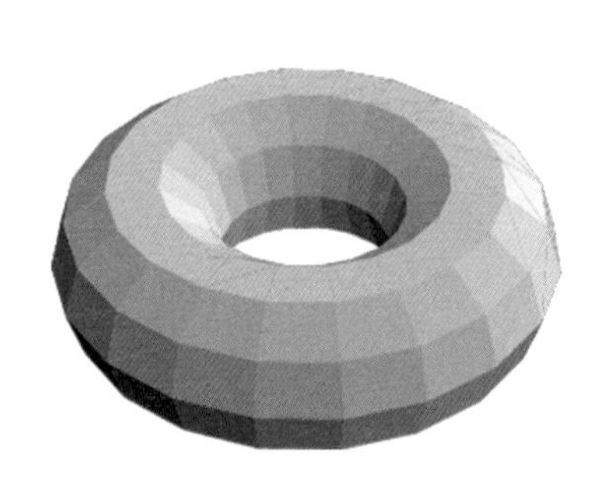
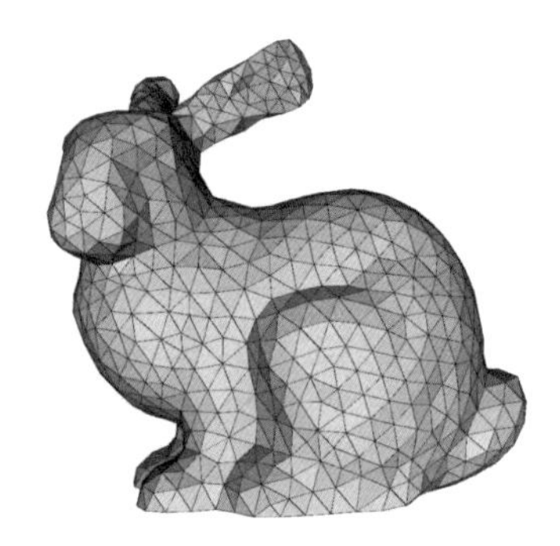

ここにかなり複雑な浮き輪の形*2があります。さっきまで見ていた浮き輪と似ていますが、これは荒くカクカクしています。この浮き輪のオイラー標数はいくつでしょうか？ 形だけ見ると計算するのはとても難しそうですよね。でも、僕たちには計算しなくてもオイラー標数がわかります。そう、0です。この複雑な浮き輪型はさっき見ていたツルツルの浮き輪と位相が同じなので、オイラー標数は0になります。

こっちの三角形でできたウサギも見てください。このかわいいウサギは「スタンフォードラビット」*3というのですが、コンピューターの計算によく使われています。スタンフォードラビットのオイラー標数も求めてみましょうか？

「球と同相だから２です」

そうですね。複雑そうに見えますが、スタンフォードラビットも球と位相が同じなんです。だから僕たちは複雑な計算をしなくてもこのウサギのオイラー標数が２だとわかります。

どんな多面体のオイラー標数が２なのかという問いがたくさんの人の頭を悩ませた理由は、当時「位相」という概念がなかったからです。位相幾何学ができるまでには、かなり時間がかかったのでね。だから、この定理を正確に表現しようという努力の過程で、位相幾何学という分野が生まれました。その後、次の定理ができました。

1. 球と同相の多面体はオイラー標数が２である。

2. 同相の多面体のオイラー標数はいつも等しい。

もちろん、多面体以外でもオイラー標数がわかります。今さっき、その方法を一緒に勉強しましたね？ ２番の定理をよくよく考えると、次のような事実に気づきます。

3. 同相の形は（多面体でなくても）オイラー標数が等しい。

球と浮き輪は位相が異なると勉強しましたよね。でも、それが事実かどうかはどうやって確かめるのでしょうか？ 上手に球を浮き輪の

---

*2　出典: https://mathworld.wolfram.com/Torus.html

*3　出典: Thomas Dickopf, Rolf Krause, <Evaluating local approximations of the L2-orthogonal projection between non-nested finite element spaces>, ICS Preprint No. 2012-01, 8 March 2012.

形に変える方法をだれかが見つけ出すかもしれません。もう気づいている人もいるかな？ どうやったら球と浮き輪の位相がちがうと自信を持って言えるのか——。

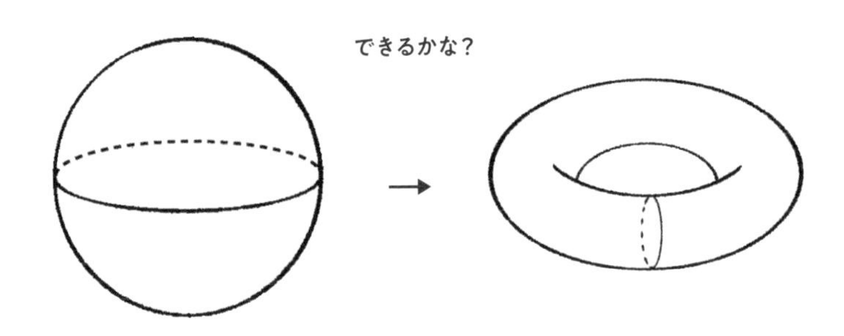

「あっ！ オイラー標数がちがうからですよね？」

そうです！ 今一緒に習った定理にしたがうと、位相が同じならオイラー標数も同じはずですね？ でも、オイラー標数は球だと2で、浮き輪は0だから、位相は一緒のはずがないんです。

定義を厳密に勉強したわけではないけれど、位相についてたくさんのことを知れた時間でしたよね？ みなさんは、もう位相幾何学の魅力のとりこになっていることでしょう！

では、今日の授業はここまでにしましょう。

みんなよく
がんばっていますね！

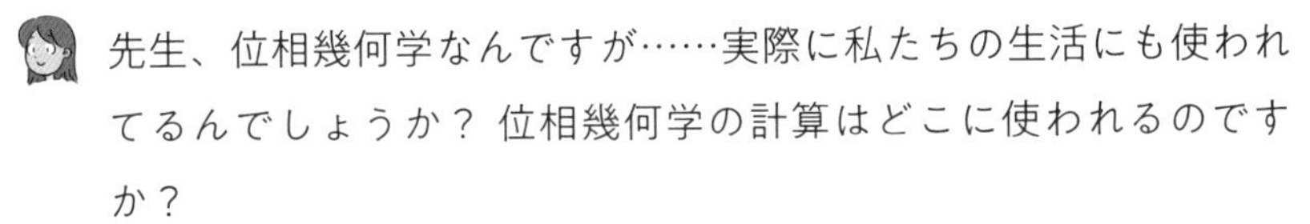

位相幾何学はホントに役立つの？

先生、位相幾何学なんですが……実際に私たちの生活にも使われてるんでしょうか？ 位相幾何学の計算はどこに使われるのですか？

位相幾何学を活用する機会はとても多いんですよ。僕たちの生活を支えるテクノロジーにも位相幾何学がたくさん使われています。毎日僕たちが使っているスマートフォンにもです。位相幾何学がどうやって活用されているかをユーザーが知っている必要はありませんが、こういう機械をデザインする人たちは知っておかないといけませんね。
シンプルな例をあげてみましょう。あるイメージをコンピューターが保存するとき、その情報は一体どんな状態でしょうか？

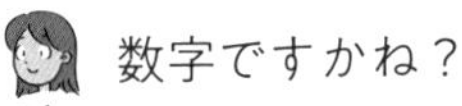
数字ですかね？

そうです。コンピューターのデータファイルというのは、みんな数字なんです。画像検索をしたことってありますか？ 検索窓に画像のファイルを入れると似たイメージを探してくれる機能です。でも、こういう数字のファイルだけでコンピューターはどうやってその作業をするのでしょうか？ いざ考えてみると、奇想天外ですよね。数だけ入ってるはずなのに。
数字だけで形の性質を把握できるようにする数学的な定理が必要になります。イメージの頂点、辺、面の数に関する情報をコンピューターにインプットしたと仮定しましょう。そうすると、コンピューターがその情報をもとにどんな形のイメージなのか基礎的な区別をすることができます。このように、位相幾何学は僕たちの生活に近いところで実際に使われています。

ピタゴラスの定理がどうしてここで出てくるの？

位相幾何学の活用事例ではないのですが、原理が似ているのでこんな質問をしてみましょう。辺の長さが5、6、8の三角形が1つあります。この三角形は、直角三角形かな？ ちがうかな？

ちがいます。

どうしてでしょう？

ピタゴラスの定理に当てはめてみました。

そう、僕たちはピタゴラスの定理を知っていますよね。直角三角形であるためには、何が必要ですか？

$5^2+6^2=8^2$ が成立しないといけません。

なら、5^2 は25、6^2 は36なので、足すと61ですね。でも 8^2 は？

64です。

はい、だからこの三角形は直角三角形ではありません。よくよく考えてみると、不思議です。直角三角形かそうでないかを判断するためには、三角形に直角があるかどうかを確かめないといけなさそうですよね。でも、今僕たちは実際に三角形の角度を測りましたっけ？

いいえ。

僕たちは分度器も使っていないし、図も描きませんでした。だから、僕たちは今コンピューターのように数字のファイルだけを使っているわけです。それでも、この三角形が直角三角形かどうかすぐに把握できましたね。計算するだけで。

うわぁ！ たしかに、そう考えてみると不思議ですね！

コンピューターの中のデータは数として保存されているので、その数からデータの性質を理解しなくてはなりません。ピタゴラスの定理はこのときに使われる代表的な定理で、オイラー標数も同様です。三次元のイメージファイルの性質を理解するためにはいろいろな作業が必要なのですが、ここにオイラー標数の計算が含まれます。コンピューターで設計の計算をして図面を描く方法であるCAD(Computer-Aided Design)というものを聞いたことはありますか？ CADの世界では三次元の形を保存したり、処理するときに三角形に分けるんです。だから、オイラー標数のような概念がとくに活躍します。

20世紀は電気、21世紀は位相幾何学

最近、物理学において「トポロジカルな相」というものが発見されました。これを研究していた人たちは2016年にノーベル物理学賞を受賞しました。彼らは物質の電子構造が「位相的な性質」を持っていると明らかにしたのです。
簡単に説明してみましょう。電子の構造を思い浮かべてみましょうか？ 物質の中には電子があります。このとき、強力な磁石を近くに置くと電子がこの磁石のせいで複雑な動き方をします。でも、ある物質は近くに磁石を置いても、ひいてはもっと強い磁石

を置いても性質が変わりません。そういうものを「トポロジカルな相」と呼びます。

へえ！

位相物体は僕たちがさっき学んだ「位相」に依存するので「位相的」という表現を使います。ちょっと難しい概念ですが、これから活用される領域がどんどん広くなっていくテーマなので、知っておくといいでしょう。20世紀は電気をたくさん使った時代でした。電気に対する理解が世界を変えましたよね。それと同じように、これからは位相的な物質が世界を変えるだろうと予測している人も多いんですよ。

授業後

みんなちゃんと
理解できたかな?

あっ! ドーナッツだ!
ドーナッツのオイラー標数は
いくつだったっけ?
DONUT

グループの名前は
何がいいかな?
東大門数学クラブ?

私、この授業についていけるかな?

2回目の授業

数の気持ちが読めたなら

ピタゴラスの定理と靴ひも公式

数学難問研究センターがある高等科学院の8号館323号の研究室に行くには、まず9号館の建物の入り口から入って3階まで上がったあと、8号館に渡る通路を使わないといけない。そこから、さらに1階上に行くとやっと数学難問研究センターに到着する。教授の研究室までひとっとびで行く方法はないのかな？ どうしてこんなに複雑な行き方をしなければならないんだろう？ 迷路のような通路を行ったり来たりしていると、最初の授業のことを思い出した。数学はどうしてこんなにも複雑なんだろう？ 今日の授業を聞いたあと、複雑な高等科学院の建物とも数学とも、もう少し仲良くなれますように！

ボラム

私、このグループの名前を考えてみたんです！高等科学院はソウル特別市の東大門（トンデムン）区にあるから、「東大門で数学を勉強する集まり」っていう意味で「東大門数学クラブ」はどうでしょう？

アイン

東大門数学クラブ？　とってもすてき！

ジュアン

うーん、もっとカッコいい名前もありそうだけどなぁ？　でも、悪くないと思うよ。

ミニョン

ハハハッ！　おもしろいじゃないですか。賛成です。

ボラム

じゃあ、決定ですね！　「東大門数学クラブ」、今日もがんばるぞ！

座標で遊んでみよう

みなさん、「座標」って何かわかりますか？

「点の位置を数で表したものですよね？」

よく知っていますね。普通は、平面にＸ軸とＹ軸が直角に交わるように線を描いて、その上に点を打ちます。この座標の平面上にある、ＡとＢの２つの点の位置を読んでみようか？

「A=(1,2)、B=(-3,1) です」

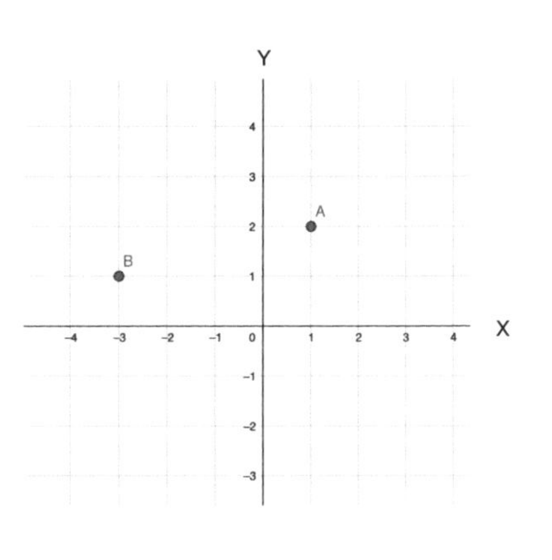

よくできました。ここからは、ジオジェブラ (GeoGebra) というプログラムを使って座標についていろいろと見ていきましょう。ジオジェブラはだれでも自由に使えるプログラムなので、みなさんも家でいろいろ遊んでみてください。楽しい遊び方がたくさんあるんですよ。ジオジェブラを使って、次のような三角形を描いてみました。画面の左側には何が見えていますか？

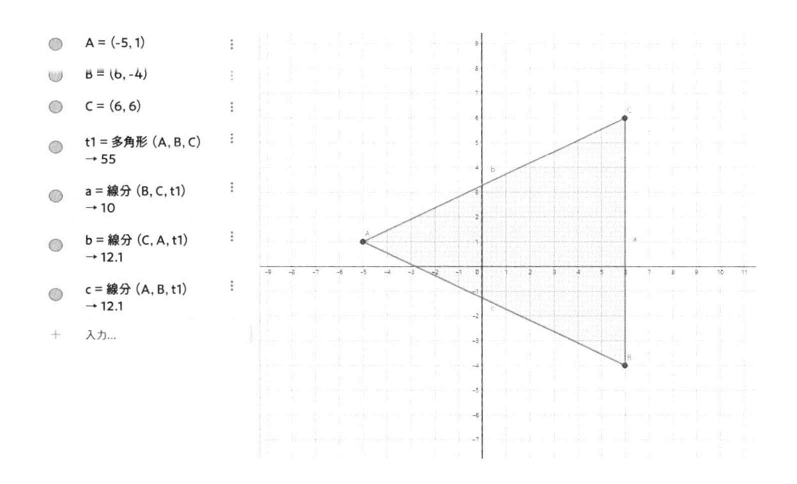

「座標が書いてあります」

A点、B点、C点の座標が見えます。その下には小文字のa、b、cがあって、その値も出ていますね。a、b、cは何を意味しているでしょうか？

「長さです！」

画面の右側にある三角形のまわりにa、b、cと書かれているのを見ると予想できましたよね？ a、b、cは3辺の長さです。最後に、$t1$は三角形の面積を表しています。

さて、ジオジェブラの基本的な使い方を習ったところで、A、B、Cの位置を自由に変えながら練習してみましょう。そうすると、点を動かすたびに画面の左側でもA、B、Cの座標が連動して変わることがわかります。長さと面積の値も同様に変わります。好きなだけ変えてみてください。どれだけ変えても、あっという間に計算されますからね。

どうですか？ とっても便利ですよね。ジオジェブラを使うと、いろいろなことができるようになります。今日はみなさんにこんな質問をしてみましょう。ジオジェブラは一体どうやって長さの値をこんな一瞬で計算しているのでしょうか？ コンピューターの中に定規が入っているわけでもないのにね。

「コンピューターの計算がすごく早いのは、当たり前のことだって思ってました。でも、先生に言われてみると、なんだか急に不思議な感じがします」

この計算には、ピタゴラスの定理が使われます。みなさん、ピタゴラスの定理は知っていますね？

「はい。$a^2+b^2=c^2$ です」

その意味も知っているかな？ ここでの a、b、c は何を意味していますか？

「三角形の3辺の長さです」

そのとおり。でも、すべての三角形でこの定理が成立するんでしたっけ？

「いいえ。直角三角形だけで成立します」

よく知っていますね。直角三角形の斜辺 c の長さを2乗した数が、他の辺 a、b の長さをそれぞれ2乗して足した数と等しくなるという定理ですよね。では、ピタゴラスの定理を使って長さを計算する方法も勉強しましたか？

「いえ、それはよくわかってないです」

では、一緒に勉強してみましょう。とっても簡単です。

ここにPとQという2つの点があります。P点の座標を (a, b)、Q点の座標を (c, d) とします。ピタゴラスの定理を使うと、2つの点の座標だけで点と点の間の距離を計算することができるんです。直接測ったりしなくても、一瞬でわかります。そこがポイントです。

Q=(c, d)

P=(a, b)

ピタゴラスの定理は、何に関する定理でしたっけ？
「直角三角形です」
そうですね。直角三角形の辺の長さに関する定理ですよね。ピタゴラスの定理が使えるように、直角三角形を描いてみようと思います。PとQの２つの点を使ってね。じゃあ、直角三角形をどうやって書くのがいいでしょうか？
「……」
ハハッ！ ちょっと難しい質問かな？ １つ、ヒントをあげましょう。まずPとQを線で結びます。次は、どうしたらいいでしょうか？

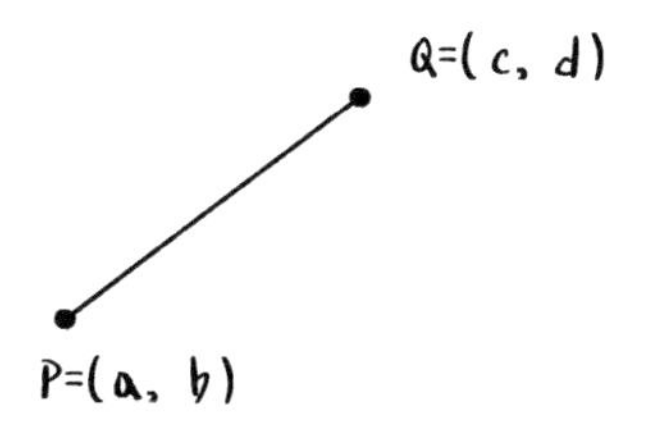

「あっ！ (c, b) の位置に点をもうひとつ書くんです。直角三角形じゃないといけないから」

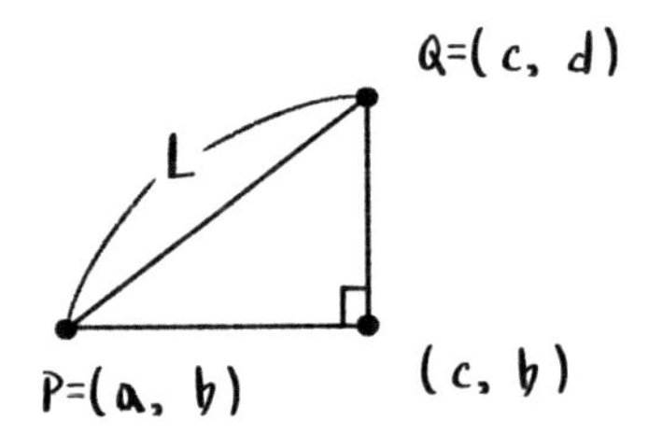

すばらしい考えですね！ 新しい点 (c, b) と Q=(c, d) は、X 軸上の座標が同じなので、2つの点を結ぶと垂直線になります。そして、点 (c, b) と P=(a, b) の Y 軸上の座標も同じなので、これらの点をつなぐと水平線になります。新しくできた2本の線が直角で交わって直角三角形ができたので、これでピタゴラスの定理を使えそうですね。

さあ、そうしたら2つの辺の長さは簡単に計算できますね？ $c-a$ と $d-b$ になります。残り1つの辺の長さは「Length」の頭文字を取って「L」と呼ぶことにしましょう。ピタゴラスの定理によれば、この3辺の関係は $L^2=(c-a)^2+(d-b)^2$ になります。では、L はどうやったら求められますか？

「$L=\sqrt{(c-a)^2+(d-b)^2}$ です」

そう、ルート（$\sqrt{\ }$）を使って L^2 の平方根を求めればいいですね。このような方法で座標さえあれば距離を求めることができます。とっても便利でしょう？

ピタゴラスってどんな人？

ピタゴラスは、「ピタゴラスの定理」をつくった古代ギリシャの数学者として広く知られていますが、哲学者でもありました。彼の人生は、彼の名声に比べるとベールに包まれていますが、伝えられている多くの伝説を集めてみると、非常に独特でおもしろい人物だったようです。

商人だった父の影響を受けたピタゴラスは、エジプトやギリシャなどいろいろな国を渡り歩き、古代の哲学と科学を懸命に勉強しました。

ピタゴラスは世界の根源は数であると考えて、イタリアのクロトンに暮らしながら同じ考えを持つ人々とコミュニティをつくりました。そのコミュニティは「ピタゴラス学派」と呼ばれています。

ピタゴラス学派の人々は、数の不思議のとりこでした。彼らは音楽においてもシンプルな比率で音階を説明できるという事実を発見しました。長さの比が 2:1 である 2 つの弦を同時に慣らすと、8 度の差があるオクターブの和音（ド - ド）ができ、3:2 のときは 5 度の和音（ド - ソ）、4:3 のときは 4 度の和音（ド - ファ）になるのです。

彼らは弦の比率と和音の間にある密接な関係について学びながら、「万物は数である」という神秘的な原理を信じるようになりました。彼らは音楽も宇宙の基本的な原理と関連する重要な現象だと捉えていました。

異なる2つの音を同時に鳴らしたときに和音になって、数と関連する新しい現象が起きるという事実は、人類の歴史上で最も重要な発見の1つです。この発見は、現代科学にも影響を及ぼしているのですが、世界をつくっているとても小さな構成要素を扱う「素粒子論」にもこれと似た原理が存在します。

フョードル・ブロニコフ『ピタゴラスと日の出を祝うピタゴラス教団』(1869)

数字で形がわかる ピタゴラスの魔法

やり方はここまでで習ったので、ここからはさっき見た座標に数字を当てはめて練習してみましょう。この2点の間の距離を一度計算してみましょう。

P=(1,2)
Q=(5,7)

計算するには、紙がいりますよね？ ひょっとして、暗算できたりするかな？
「先生、ジュアンが暗算しようとしてるみたいです！」
「ち、ちがうよ」
「暗算できるの？」
「ハハハッ」
さあ、答えは出ましたか？ アインから答えを言ってみましょうか？
「えぇー、先に言うのはイヤだな……」
たまには先に言ってしまった方がいいことだってあるんですよ。まず言ってみて、まちがっていれば指摘を受けますよね。そうすると、もし勘違いをしていることがあったとしても、そのときに正すことができますね？ ですが、自分のまちがいが明らかになるチャンスがないと、直すこともできません。この授業では、テストもしないし点数をつけたりもしませんから、好きなだけ答えて、思いっきりまちがえていいんですよ。

そうしたら、一緒に答えを確かめてみましょうか？ この場合、公式よりも言葉で思い浮かべた方がわかりやすいと思います。**X座標同士を引いて、Y座標同士も引いたあと、それぞれを2乗にして足したら、ルートをつける**。であれば、5-1と7-2をそれぞれ2乗して足したあと、ルートをつければいいですね。$\sqrt{(5-1)^2+(7-2)^2}$を計算すると、$\sqrt{16+25}=\sqrt{41}$になります。

$\sqrt{41}$はどれぐらいの大きさの数か予想してみましょうか？ $\sqrt{36}=6$よりも大きくて、$\sqrt{49}=7$よりも小さいはずです。つまり、6と7の間の値ということです。それだけでも、$\sqrt{41}$についての情報をかなり得ることができます。

それでは、ここまでに計算した結果をジオジェブラで確かめてみましょう。

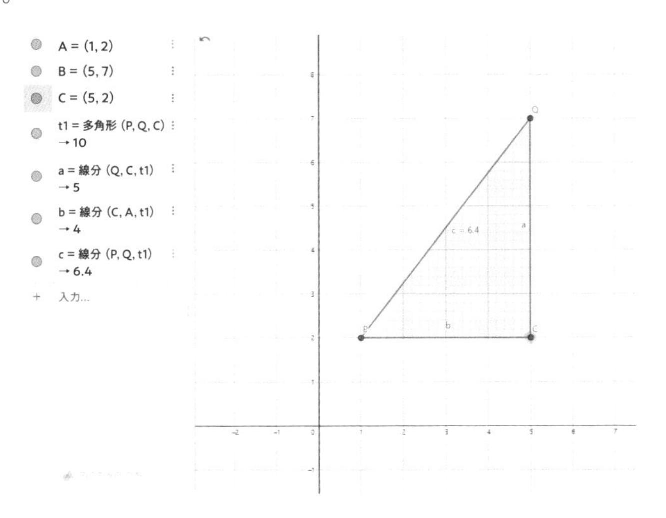

P=(1,2)、Q=(5,7)、C=(5,2) に点を打って、直角三角形を描いてみたら、線分 PQ の長さは 6.4 と出てきますね。さっき予想した値と近いですよね？ コンピューターのプログラムも、こういうやり方で計算をしているんです。どうですか？ 理解できましたか？

さらにしっかりと理解するために練習をもうひとつしてみましょう。平面上に P、Q、R という３点があります。３点の座標は次のとおりです。

P=(1,1)

Q=(3,0)

R=(4,2)

３点を頂点とする三角形をつくったとき、この三角形は直角三角形になるでしょうか？ ならないでしょうか？ 今度は図を描かずに計算だけで確かめてみてください。

「えぇっ？」

大丈夫です。みなさんは、もうやり方を知っていますよ。それに、図を描かないことが、むしろ当然かもしれません。図を描いて確認していたら、正確さに欠けるかもしれませんからね。ただ、計算はちょっと必要になるかもしれないですけどね。

「図は書かずに、値を紙に書きながらやってもいいでしょうか？」

もちろんです。数字はどれだけ使ってもいいでしょう。ヒントを１つ教えると、まず最初に求めるべきなのは何かな？

「辺の長さです」

はい、そのとおりです。辺の長さを a, b, c としましょう。

「全部計算できました。$\sqrt{5}$、$\sqrt{5}$、$\sqrt{10}$になりました」

今度は自信満々だね？ それだけでもすばらしいことですよ。では、一緒に答えを確かめてみましょう。2つの座標の間の距離をどうやって求めましょうか？ さっき、僕が言っていたことを覚えていますか？ **X座標同士を引いて、Y座標同士も引いたあと、それぞれを2乗にして足したら、ルートをつける**。すると、次のように計算することができますね。

PQの長さ：$\sqrt{(3-1)^2+(0-1)^2}=\sqrt{2^2+(-1)^2}=\sqrt{4+1}=\sqrt{5}$

QRの長さ：$\sqrt{(4-3)^2+(2-0)^2}=\sqrt{1^2+2^2}=\sqrt{(1+4)}=\sqrt{5}$

RPの長さ：$\sqrt{(4-1)^2+(2-1)^2}=\sqrt{3^2+1^2}=\sqrt{9+1}=\sqrt{10}$

だとすると、結論はどうなるでしょうか？ この図形はたしかに直角三角形です。$(\sqrt{5})^2+(\sqrt{5})^2=(\sqrt{10})^2$が成立しますからね。ここで強調したいのは、この計算は簡単なように見えて、実はばかにならないということです。頂点の座標だけわかっていれば、その間の距離がどのぐらいか、直角三角形なのかどうかを計算だけで知ることができます。よく考えるととっても不思議なことです。

このすべてを可能にした人物が、ピタゴラス(Pythagoras)です。**ピタゴラスの定理のおかげで、数だけを使って計算で形についていろいろな事実を把握することができるのです**。ピタゴラスのあと、数千年かけて数学は大きく発展しましたが、僕は今でも**ピタゴラスの定理が数学の歴史上最も重要な定理だと考えています**。

ピタゴラスの定理は、まったく別々のものだと考えられてきた「形の世界」と「数の世界」をつなげました。距離、長さ、角度は形についての話ですよね？ だから、この話は幾何学とも言うことができます。幾何学は図形や空間の性質を学ぶ学問です。ですが、ピタゴラスの定理のおかげで、計算だけで幾何学を勉強することができるようになりました。本当にすごいことだと思いませんか？

靴ひもみたいにいろんな数字を組み合わせてみよう

引き続き、ジオジェブラを使って話をしようと思います。次のような三角形があります。画面の左側を見てみたところ、$t1=43$ と書いてありますね。このときの $t1$ は何のことでしたっけ？

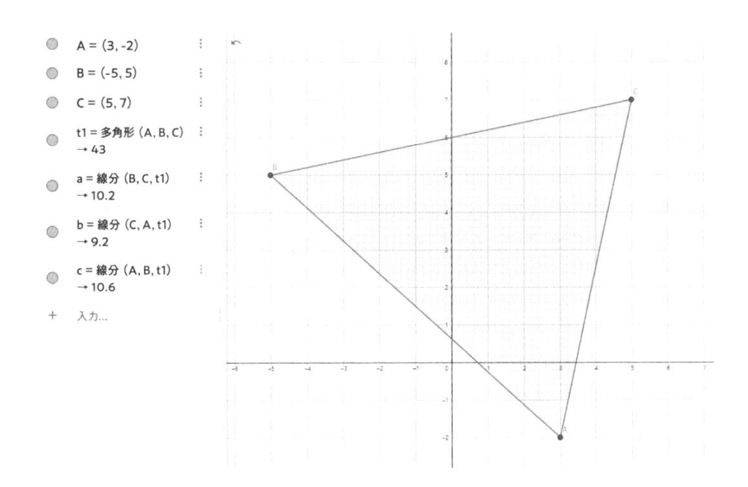

「三角形の面積です」

ばっちり覚えていましたね。では、ジオジェブラはこの三角形の面積をどうやって求めたのでしょうか？

「うぅ、そこまではわからないです」

難しそうかな？ ハハハッ。ジオジェブラは座標さえあればすぐに面積を計算してくれます。座標をやたらめったら動かしてもパパっと計算してね。それを見ている僕たちは、おそらく座標だけを使って面積を知る方法があるのだということを予想することができます。コンピューターのプログラムはどうやってこんな一瞬で計算をするのでしょうか？ 今からコンピューターが計算に使っている公式を教えましょう。

この公式にはさまざまな名前がついています。この授業では**靴ひも公式**と呼ぶことにしましょう。靴ひもを穴にどんどん通すイメージを浮かべると、わかりやすくなると思いますよ。

三角形には3つの頂点の座標がありますよね。この3つの座標を(X_1, Y_1)、(X_2, Y_2)、(X_3, Y_3) としましょう。靴ひも公式を使うためには、この座標をまるで靴ひもを穴に通すみたいに、次のように並べていきます。最初の座標から最後の座標まで上から下に書いていって、最後に最初の座標をもう一度書きます。

「座標の順番はどんな順番で書いてもいいんでしょうか？」

すごく大事な質問ですね！ どの点から始めてもいいのですが、必ず反時計回りの順番で座標を書かないといけないんです。

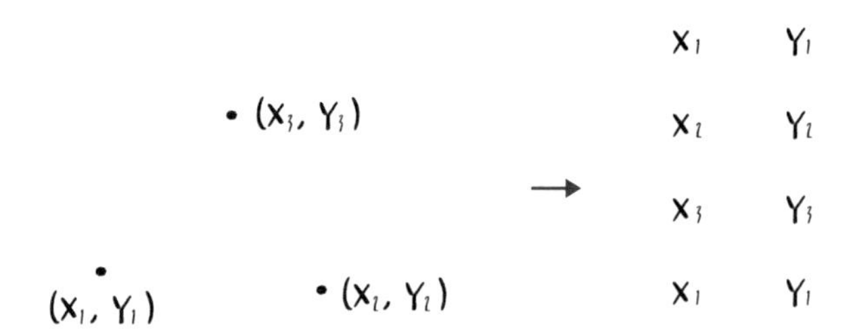

座標を全部書き出したら、次は左のX_1から対角線上にななめ下方

向にひもを通します。$X_1 \rightarrow Y_2$、$X_2 \rightarrow Y_3$、$X_3 \rightarrow Y_1$というようにです。反対側のひもも通さないといけませんよね？ 今度は右側のY_1から対角線上にななめ下方向にひもを通します。$Y_1 \rightarrow X_2$、$Y_2 \rightarrow X_3$、$Y_3 \rightarrow X_1$の順番です。

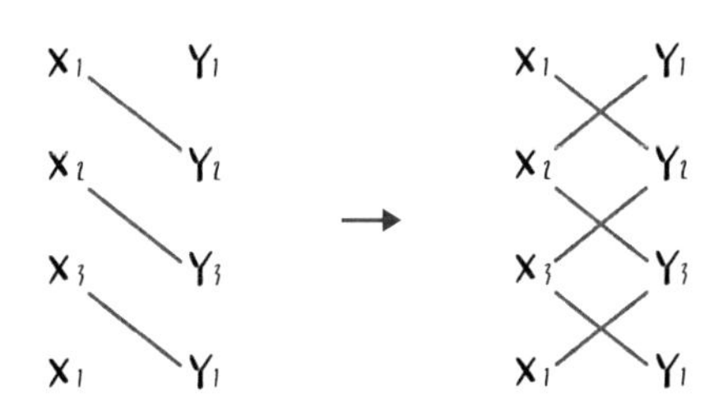

なぜ「靴ひも公式」と呼ばれるのか、もうわかったかな？ さあ、靴ひもを全部の穴に通せたら、次のステップに移りましょう。それぞれ結ばれた数字をかけて、引いて、足したあとに2で割ります。言葉で書くと複雑そうですが、式にして整理をすると次のようになります。

$$\frac{1}{2}\left|(X_1Y_2-X_2Y_1)+(X_2Y_3-X_3Y_2)+(X_3Y_1-X_1Y_3)\right|$$

実際の座標を使って、練習してみましょうか？ とてもシンプルな例から始めてみましょう。三角形の頂点を、(0,0)、(2,0)、(0,2)の座標の位置に置きます。

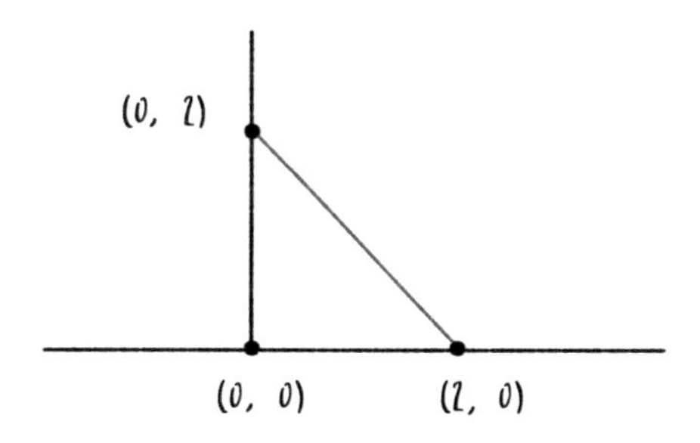

頂点の座標をこのような位置にしたのには理由があります。この三角形は、面積を簡単に確かめられるからです。みなさんもこれから勉強をしていく中で新しい数学の公式と出会ったら、最初は簡単な例から確かめてみるのがいいですよ。そうすることで、公式を使うときに自信が持てるようになります。この問題で靴ひも公式が正しいかどうかを確かめるには、三角形の面積が2だという答えが出ないといけませんね？ 三角形の面積を求める公式、$\frac{1}{2}$×底辺×高さを使うと、$\frac{1}{2}$×2×2になりますからね。ここから、靴ひも公式を使って面積を確かめてみようと思います。

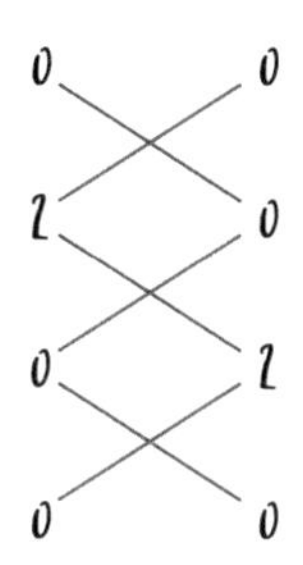

0→0、2→2、0→0といった感じで左側をまず結んだあと、次に0→2、0→0、2→0という形で右側を結びます。公式に合わせて計算をしてみると、次のような答えが出てきます。

$$\frac{1}{2}|(0\times0-0\times2)+(2\times2-0\times0)+(0\times0-2\times0)|$$

$$=\frac{1}{2}|(0-0)+(4-0)+(0-0)|=\frac{1}{2}|0+4+0|=2$$

ほら、2になりましたね？ 靴ひも公式で三角形の面積を確かめることができました。この公式は三角形だけではなく、他の多角形にも使うことができます。頂点の座標さえわかれば、多角形の面積を簡単に計算することができます。僕たちが直接計算すると、ちょっと面倒な作業かもしれませんが、コンピューターにとってはかなり簡単な計算です。コンピューターを使って何かをデザインしたりつくったりする人たちにとっては、ジオジェブラのようなプログラムはとっても便利でしょう。

さて、今度は目の前にとっても大きな湖があるとイメージしてください。この湖の面積を知りたいのですが、湖がとても深いので水の中に入ることはできません。このようなとき、どうやったら湖の面積を求められるでしょうか？ ヒントは、こういうときにも使えるのは靴ひも公式です。

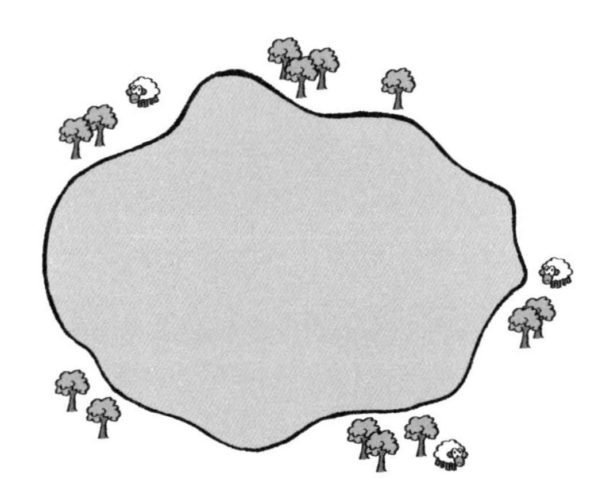

「先生、でも頂点がないですよね？」

そうですね。頂点がないので正確に計算することはできませんが、実際の面積にかなり近い値を知ることはできるんです。

「湖にすごくたくさん点を置いていったらどうですか？」

いいアイデアですね！ 次の図のように湖のまわりに沿って点を細かく打っていけば、湖の形をした多角形をつくることができます。

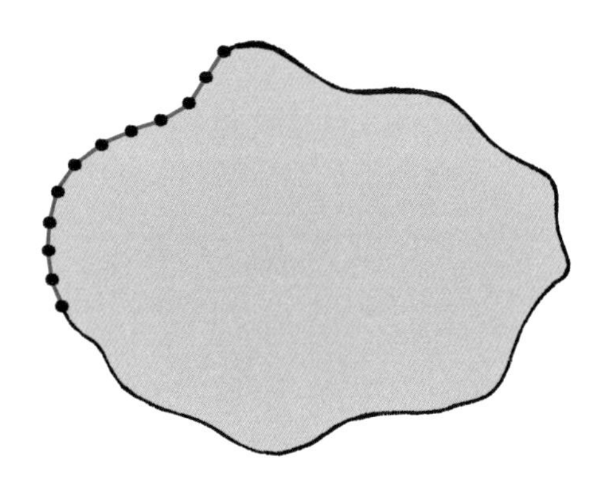

それぞれの点の座標もすぐにわかりますね？ GPSの情報を使えばいいですからね。その座標を靴ひも公式に当てはめて計算すれば、直接水の中に入らなくても湖の面積を計算することができます。

「うわぁ！ 土地や建物の面積を測らないといけない建築とかの仕事に役立ちそうですね！」

ええ、とっても便利ですよね。昔は「面積計」という道具を使って面積を求めたりしていたんですよ。現場に直接その道具を持って行き、縁に沿って１周させて面積を測るというやり方だったんです。その面積計が動作する原理の中にも、今勉強した靴ひも公式がかくれています。

空を飛ぶ飛行機はどうやって道がわかるの？

世界地図を見ると、地図の上の方にあるグリーンランドは他の国に比べてとても大きく見えますよね。でも、実際は地図で見ているように大きくはありません。どうして、地図ではグリーンランドが大きく描かれているのでしょうか？

「まんまるの地球を平面に広げたからです」

そのとおりです。地球を地図におさめるとき、最もよく使われる手法はメルカトル図法 (Mercator Projection) です。オランダの地理学者、ゲラルドゥス・メルカトル (Gerardus Mercator) が16世紀に世界地図をつくったときに初めて使われた方法です。

次の図のように地球のまわりを円筒で包んだところを想像してみましょう。そして、その中に電球を1つ入れたとします。電球から発された光は、地球のどこかの地点に反射して、円筒のどこかにぶつかります。メルカトル図法は、このように円筒上に地球の表面を映す原理です。こうすると、上の方にある地域は地図上で大きく見えます。赤道の近くは実際の大きさとさほど変わらない比率で映るのですが、北極や南極のように離れていくほど、だんだんと拡大されるわけです。

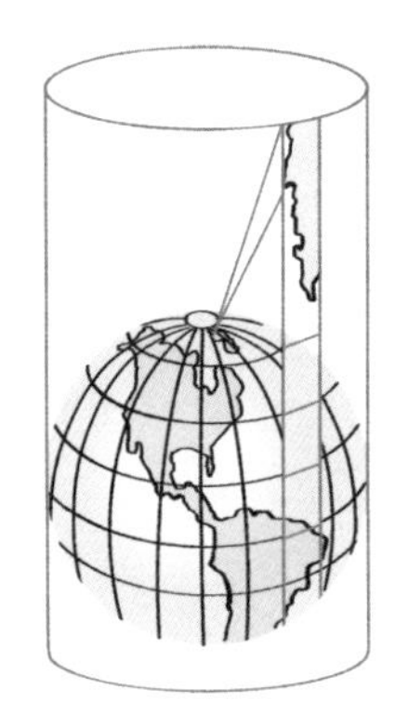

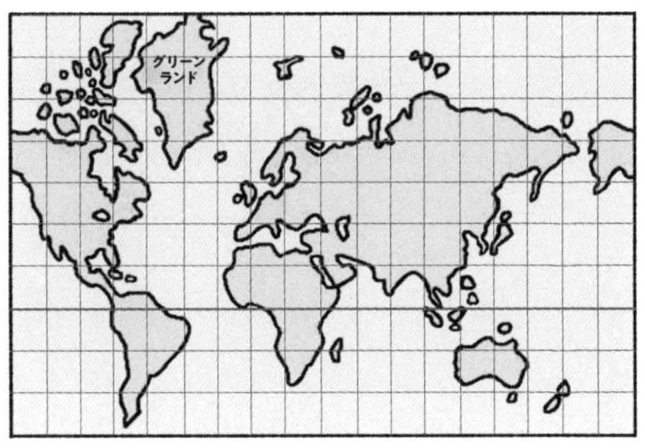

世界地図を見ていたら、なんだか旅に出たい気分になってきたので、ロンドンから仁川（インチョン）まで旅してみようと思います。2つの都市を結ぶ一番短いルートはどんな形になると思いますか？

「一直線です」

そうですね。でも、僕がロンドンから仁川まで乗って来た飛行機の実際のルートは、一直線ではなかったんです。

飛行ルートは、どうして一直線ではなかったのでしょうか？ そのわけは、メルカトル図法にあります。メルカトル図法を使うと、赤道から離れた国は地図上で実際よりも大きく見えるという話をしました

ね。なので、地図上の直線距離を行くよりも、どんな行き方をするのがいいでしょうか？

「ちょっとだけ上に行くんです」

そうですね！ **地図上の直線距離よりも少し上を行くのが、実際にはもっと早いルートです**。直線距離の少し上を行くルートは、地図上で見るよりも実際はもっと短いですからね。

球の形をした地球では、いろんなパターンのルートが考えられますが、その中に「大円（Great Circle)」と呼ばれるルートがあります。地球で一番大きな円って何だと思いますか？

「地球の外周です！」

そのとおりです。赤道上をぐるりとまわる円が地球で一番大きな円ですよね。同じように、北極と南極を結ぶ円も一番大きな円です。この「大円」を使うと２つの離れた地点を結ぶ一番短いルート、つまり最短ルートを知ることができます。次の図のようにAからBへの最短ルートを知りたいときには、「大円」を移動させてAとBを通るようにすればいいんです。

飛行機は、このような「大円」に沿って最短ルートで飛行します。この「大円」は、「大圏」とも呼ばれます。そして、**２点を行き来する最短距離、つまり「大円ルート」は「大圏コース（Great Circle Route)」とも呼ばれています**。

昔、ロシアがまだソビエト連邦という名前の社会主義国家だったときには、「大圏コース」を使うことができませんでした。なので、僕が初めて留学したときには、ソビエトの上空を避けて飛行するためにもっと長い時間のフライトに乗るしかありませんでした。幸いなことに、もうそのような問題はなくなったので、最近までは世界中のどこに行くときも、たいていは「大円」に沿った最短ルートで行くこと

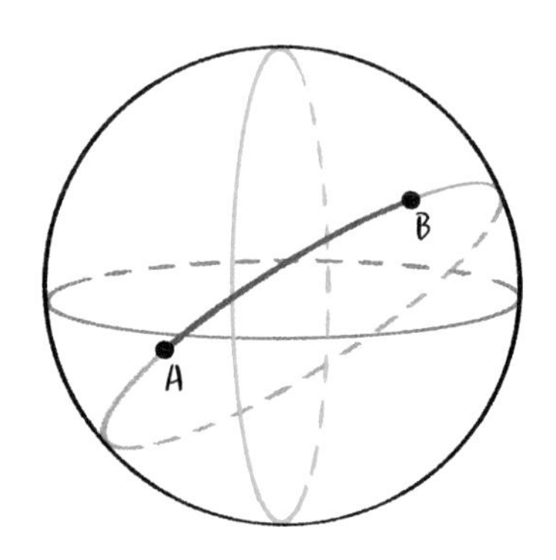

ができました。

しかし、2022年ウクライナとロシアの間の戦争によって、「大圏ルート」の使用には再び問題が発生しました。僕たちが乗る民間の飛行機だけではなく、物資を運んでいた飛行機も戦争地域の領空を避けて飛ばなくてはいけなくなったんです。このように、「大圏ルート」を使えないと、輸送時間が長くなり、その分輸送にかかる費用も増えるなど、僕たちの生活にも大きな影響を与えます。

「大円」については、次のようなことも考えられます。**地球上で直線と同じものは「大円」であると**。「大圏ルート」が最短距離になるので、「大円」は地球上で直線と同じ役割を果たしていると考えるわけです。

メルカトル図法で描かれた地図では、赤道から離れたところほど実際よりも拡大されて見えるという話をしましたね。この地図では実際の距離と地図上の距離の間で、一定の比率は成立しません。でも、不思議なことに、等角写像（Conformal Mapping）は成立します。これは航海において、とても重要です。次の例を通じて、その意味を考えてみましょう。

メルカトル図法で描かれた地図を持って、ニューヨークからイギリスのブリストルまで航海に出るとしましょう。まず地図上でニューヨークとブリストルを結ぶ直線を描いて、航路を決めます。それから、その直線と経線が交わる地点を見てみると、同じAという角度になります。

ここで羅針盤を取り出してみましょう。経線はいつも北に続いていて、羅針盤を見れば北がどちらかはわかります。ニューヨークからブリストルの方向に船で進むとき、ずっと北の方角に対してAという角度を保つようにすれば、直線のルートで進んでいきます。

さっき触れたように、この直線のルートは最短距離ではありません。羅針盤だけで最短ルートを把握するのはとても難しいです。でも、この直線のルートは羅針盤さえあれば簡単に把握することができます。船がずっと北の方角に対してAという角度を保つだけでいいからね。なので、昔は航路が少し長くなったとしても正確に目的地まで行くことができるようにメルカトル図法が使われることが多かったのです。でも、今の時代ではあまり使われなくなりました。人工衛星を使って

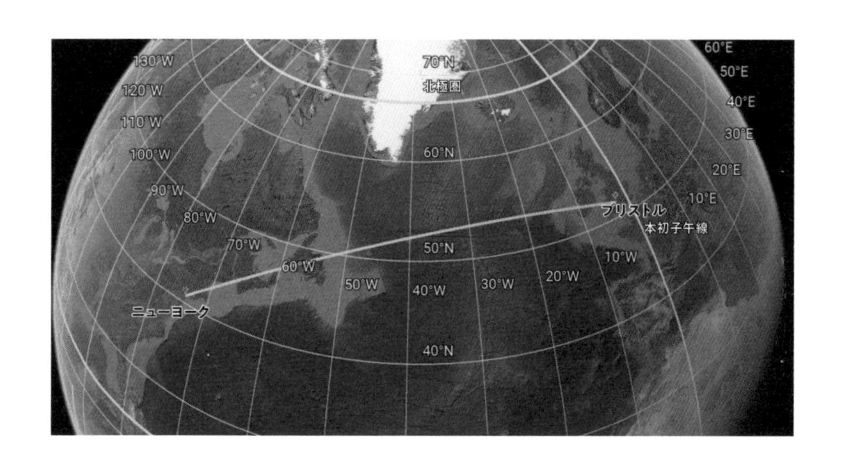

地球全体を立体的に見ることができますからね。現代の技術のおかげで、最短ルートを簡単に調べることができるようになったというわけです。

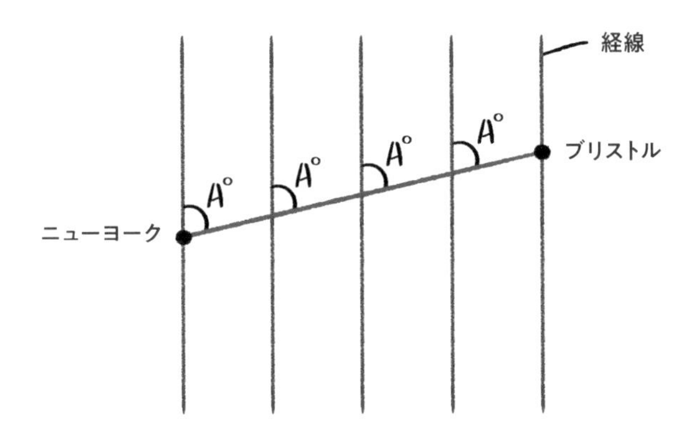

まだ曲線だって思ってる?

これは実際にイギリスのとある小学校のテストで出題された問題です。この図の中に直角がいくつあるか考えてみてください。

「えっ? 直角なんてあるんですか?」

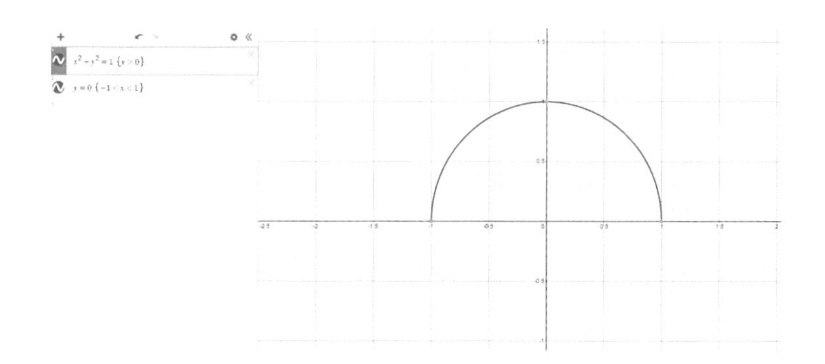

それがこの問題の焦点です。図の中に直角はあると思いますか? ないと思いますか?

「直角はなさそうな気がします」

普段、僕たちは直線同士が交わらないと直角はできないと思っています。でも、直線と曲線が交わっているこの図を少しずつ拡大していくとどうかな?

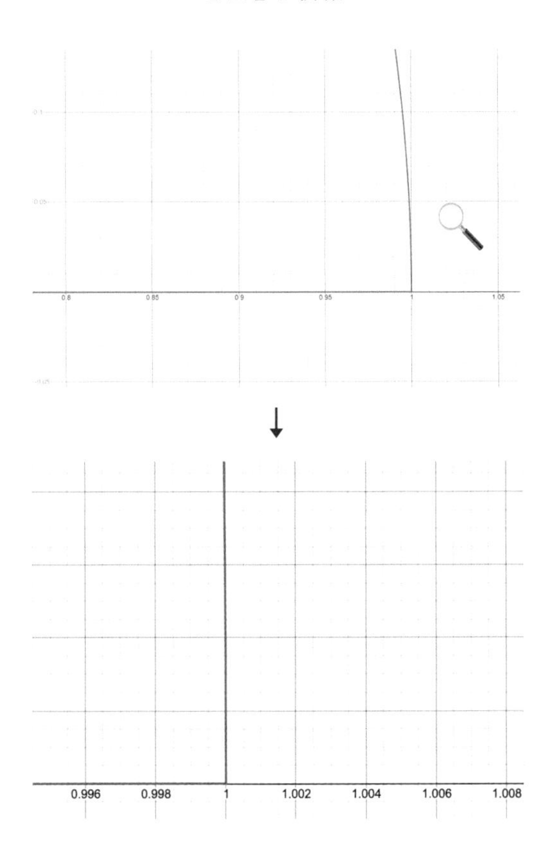

「あっ！ 直角がありました！」

こういう見方をすると、拡大する前の元の図には２つの直角があったんです。ここから**曲線を含む線分同士が出会う場合でも角はできる**のだとわかります。曲線を拡大して近くで見てみると、直線とあまり変わらないのです。

次のように考えることもできます。もし曲線に沿って車を運転したとして、直線と交わったときに車はある方向に進んでいたはずですよね？ 曲線と直線の間の角度は、つまりその方向と直線の間の角度です。

これをもとに、地球上の直角を見つけることもできます。さっき、「大円」が地球上で直線と同じ役割を持っていると話しましたが、このような直線を3つつなげて直角三角形をつくることはできるでしょうか？ ここから確かめてみようと思います。

赤道上をぐるりと一周する「大円」である緯線と、北極と南極を結ぶ「大円」である経線が交わったら角度はどうなりますか？

「直角になります」

そうですね。そこにもう一本線を書き入れたら直角三角形ができますよね。だから、地球上にも直角三角形があるということができます。このとき、ピタゴラスの定理は成立するでしょうか？

「うーん、直角三角形だから、なんだか成立しそうな気がします」

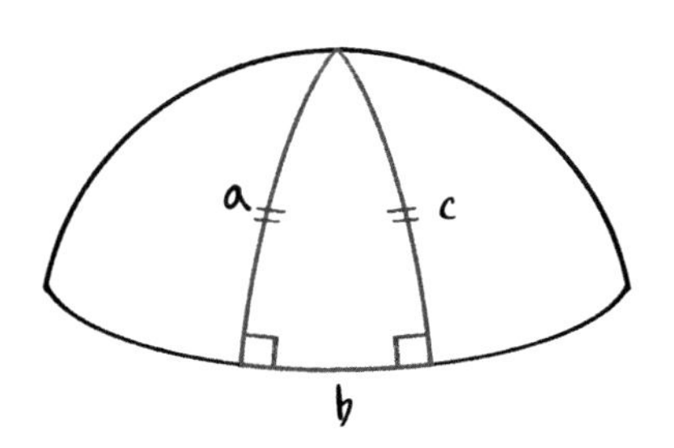

では、直接図を描いて確かめてみましょう。図にある直線の長さは、それぞれa、b、cと呼ぶことにします。でも、なんだかおかしいですね。aとcの長さは同じですよね？ ピタゴラスの定理が成立するならば、$a^2+b^2=c^2$でないといけないのに、$a=c$なので不可能です。だから、**地球上ではピタゴラスの定理が成立しません**。

これはおどろくべき事実です。ギリシャの数学者エウクレイデス（ユークリッド、Euclid）が唱えた**ユークリッド幾何学（Euclidean Geometry）**は長い間、数学の根源とされてきました。ピタゴラスの定理もユークリッド幾何学と密接な関係があります。でも、ここではピタゴラスの定理が成立しないため、ユークリッド幾何学も成立しないことになります。このような場合の幾何学を**非ユークリッド幾何学（Non-Euclidean Geometry）**と言ったりします。

ほかにもおかしな点があります。三角形について僕たちが知っている定理のうち、一番基本的な定義は何でしょうか？ 辺の長さについてはいったん考えないとして。

「三角形の角の和は180度です」

でも、図の三角形の角を足すとどうなりますか？

「180度を超えちゃいます！」

そうですよね。地球上でつくる三角形の角の合計は180度にはなりません。非ユークリッド幾何学では、僕たちが常識だと思っている図形の性質の多くが成立しません。さきほど、ピタゴラスの定理がとても重要だと話しましたが、非ユークリッド幾何学の世界では成立しない定理です。

実際に、宇宙ではピタゴラスの定理が通じません。空間がゆがんでいるからです。でも近似的にはピタゴラスの定理が成立するので、日常生活を送る上では大きな支障はありません。理想の世界でしか成立せず、現実の世界では成立しないなんて、とっても不思議ですよね！数学の世界は知れば知るほど、不思議なことであふれています。

あの雷、どれぐらい遠くに落ちたの？

ゴロゴロ、ドーン！　授業の途中、いきなり窓の外が
ピカッと光って雷が大きな音とともに落ちた。
「大降りになりそう」
「傘を家に置いてきちゃったけど、どうしよう？」
みんな急に降り出した雨のせいで心配になってきている中、
先生は目をキラリと光らせておもむろに雷の話を始めた。

雷の音が聞こえるまで、1、2、3秒…

今の雷すっごくカッコよかったですね！　みんな見ていましたか？

何かが崩れ落ちたみたいな音もしました！

あの雷がどれくらい遠くに落ちたか、調べる方法はあるかな？

「距離＝速度×時間」だから……音の速さと時間がわかればよさそうです。

音の速さはおよそ秒速340mくらいです。僕が小学校のときに習ったんだけど、いまだに覚えているんですよね。えへへっ。雷の光が見えてから音が聞こえるまでの時間を数えてみます。1、2、3秒……。たとえば、音が聞こえるまで3秒かかったと仮定してみましょう。その場合、どれぐらい遠くに雷は落ちたんでしょうか？

340m × 3秒だから、1020mです。

そのとおり。約1km離れたところに雷は落ちたんですね。

雷がピカッとすると数学もピカッとひらめく

先生は普段も雷を見ると、そうやって計算してるんですか？

大人になってからはあんまりしていませんが、子どものときはよくやっていましたよ。

子どものときにですか？

うわぁ！　やっぱり先生ってすごい！

雷が光ったあとに1、2、3秒……ってよく数えました。もう少し正確に計算しようと思ったら、実は光の速度も考えないといけないのですが、ここではそうしませんでした。なぜかわかるかな？

光はすごく速いからです。

そのとおり。雷の光がここに届くまでには0.00001秒もかかりません。光は音よりもずっと速いからね。秒速だと30万kmくらいになります。だから光の速度を考えずに計算しても大丈夫なんですよ。

授業後

かなり降ってきましたね

あっ、
傘持ってきてないや
大丈夫、ちょっとくらい
濡れても平気だよ

雲から地面まで雷が落ちますよね。地面よりも雲の下の電位が高いから雷が落ちるんです。
その電位の差がなぜできるのかはまだ……

先生って常に何か考えてるんだ。すごいなぁ!
雲が……
雷が落ちますよね～
まだ……

3回目の授業

まだ私のこと
数字だって思ってる？

ピタゴラス数とフェルマーの最終定理

午後2時。お昼を過ぎて、だんだんと眠気が押し寄せてくるころだが、高等科学院の1階休憩室ではところどころ人が集まっている。みんな、何かを食べながら楽しそうにお話し中みたいだ。パーティーでもやってるのかな？ あたりをキョロキョロ見ていたところ、どうやら「コーヒーブレイク」というオフィシャルな休憩時間らしい。お互いの研究の内容を共有しながら、新しく進んだ部分や一向に解けない問題について「雑談」みたいに意見を出し合う。ハリウッド映画の『ドリーム』や『オデッセイ』に出てくる数学者のように、数字がびっしり書かれたホワイトボードの前で楽しそうにディスカッションする様子を見ていると、なんだか感激して言葉が出てこない。今日の授業もがんばってノートをとらなくっちゃ！

ボラム

先生、来週の月曜には出国されるんですよね？

ミニョン

ええ、あっという間でしたね。

ジュアン

先生は、イギリスでお仕事をしてるんですか？

ミニョン

イギリスと韓国、半々で働いてるんですよ。

ボラム

あとで授業が終わったら、研究室の前で一緒にみんなで写真を撮りませんか？

アイン

数学難問研究センターの立て札の前で撮ろう！

ジュアン

数学難問研究センターって文字が映るように撮らなきゃ！

アイン

ジュアンの隣はやめとこう。
私がちっちゃく見えちゃうんだもん。

Part 1

数学では何を勉強するの？

今日はちょっと変わった質問で授業を始めようと思います。**数学は何を勉強する科目だと思いますか？**

「問題を解く方法です！」

とてもいい答えですね。でも、数学の授業だけで問題を解くわけではないですよね。学校でテストをするときは、どんな科目でも問題を解くじゃないですか？ 僕たちは学校だけではなくて、他のところでも問題を解いています。生きていると、解かないといけない問題がたくさんありますからね。たとえば、目的地に行くために一番効率的な方法は何か、ゲームで勝つにはどんな戦略がいいか……といったことを考えるとき、問題を解く必要があります。

みなさんが、将来建築家になって家を建てるとしても、お医者さんになって患者さんの病気を治すとしても、解かなければいけない問題はきっとたくさんあります。どうやったら頑丈な家をつくれるのか、どの薬を使ったら病気を治療することができるのか、とかね。こんなふうに、僕たちはすでにたくさんの問題を解きながら生きているわけだけれど、どうしてみんな「数学」って聞くと「問題」をまず思い浮かべる人が多いのでしょうか？

「数学が難しいからかなあ」

たしかに。数学は難しいと思っている人が多いのもあるでしょうね。数学者の僕にも正確な答えはわからないけれど、こんな理由もある気がします。数学は数ある学問の中でも、かなり昔からある学問なんです。僕たちが学校で習うくらい体系化された学問の中には、比較的最近つくられた科目も多くあります。たとえば、経済学なんかがそうです。1つの科目として分類されるまでにはかなり長い時間がかかりましたからね。

しかし、数学は人間がかなり昔から体系的に勉強をしている学問なので、教育する課程で扱わないといけない大事な問題がたくさん積み重なっています。数千年もの間いろいろな問題が積み重なり続けていて、それを勉強するという伝統が強く残っているから、「数学」と聞くとおのずと「問題」を思い浮かべるんじゃないでしょうか。イギリスの大学は、いい数学の問題をたくさんつくって「問題の銀行」みたいに貯めておくのを重要視していたりするんですよ。

もう一度、最初の質問に戻ってみましょう。**数学の勉強って、一体何なのでしょうか？** さっき、さまざまな分野で問題を解いているという話をしましたが、問題を解くこと自体よりも「何についての問題を解くのか」がその分野を決めるじゃないですか？ だとすると、数学は何についての問題を解くのでしょうか？

「難しい質問だと思います、先生」

シンプルに考えてみましょう。ぜんぜん難しい質問じゃないですよ。

「うーん……数字だと思います！」

そうですね。数学では「数」がたくさん出てきますよね。だから数についての問題をたくさん解くことになります。そうだ、ここでちょっと触れておくと、僕は「数」と「数字」を分けて考えています。数と数字は何がちがうでしょうか？ ヒントをあげましょう。

1, 2, 3, 4…

一 , 二 , 三 , 四…

I, II, III, IV…

漢字で書いたときとローマ数字で書いたとき、見た目はそれぞれちがいますよね？「数字」という単語には「字」という漢字が入っています。漢字とローマ数字で書いた数字は、見た目はちがいますが意味は同じですよね。だから、この数字は数を表すもので、数字自体が数ではないということです。

たとえば、漢字で「木」と書いて、アルファベットで「tree」と書いたとします。この２つはお互いに見た目がちがう単語ですよね？でも、表している意味は同じです。

このように考えると、数はいろいろな形で表すことができます。絵で表してもいいし、ネコをつれてきて１匹、２匹、３匹……みたいに表すこともできますしね。僕たちは世の中にある数を文字という形で表すときに「数字」を使っているのです。僕たちの授業では主に「数」について話そうとしています。

数学は数を勉強する学問だという話でしたね。でも数学では、数だけを勉強するわけじゃないですよね。前の授業では、何を見ながら話をしましたっけ？

「形です」

いろいろな形を見ながら、図もたくさん描きましたね。昔から、**数学は「数」と「形」を勉強する学問**だと言われていました。これは「数学とは何か」という質問に対する、一番簡単な答えでもあります。もちろん、数学で扱う領域が広がり続けている一方、昔勉強されていたものが忘れられたりもしながら、かなり複雑に変化はしていますけどね。

興味深いことに、形の勉強をしていると数が出てくることがたくさんあります。どんなときかな？

「長さや広さを知るときです」

そうですね！ 前の授業でも長さと面積を測っていましたよね。そうやって形について勉強していると、いつのまにか数が登場することが多い理由は、形と数の勉強が密接に関わっているからです。長さ、面積、体積のようなものが、象徴的な量の数だと言えますが、形の勉強をしていると「不思議な数」が出てきたりもします。以前、出てきた不思議な数は覚えていますか？

「オイラー標数です！」

そのとおり。オイラー標数が不思議な理由は、長さ、面積、体積みたいなものではないのに、形について1つの見方で表しているからです。「球とトーラスの位相が同じか証明せよ」という問題を例にあげてみましょう。この場合、現代の数学では答えを出すためにオイラー標数を使います。球のオイラー標数は2で、トーラスは0なので、この2つの位相は異なると確実に言うことができます。

オイラー標数は形の性質を表すものですが、これを形の「位相」というのは覚えていますね？ オイラー標数は長さ、面積、体積のようなものよりも、より高度な数学だといえます。このように、形の勉強と数の勉強は不思議なことにいろいろなところでからみあっています。

ピタゴラスの3人組を見つけよう①

オイラー標数のように、**形の勉強をしていると数が出てくること**があります。でも、実は僕が研究している数学の分野では**数の勉強をしていると形が出てくること**の方がよくあるんです。次のような例を一緒に見てみましょうか？

$$x^2+y^2=z^2$$

こういう式を**方程式**と僕らは呼んでいます。どうして方程式っていう名前がついているのでしょうか？

「値がわからない数があって、式を解かないといけないからじゃないですかね？」

方程式は解いて、解を求めたい式です。そうすると、この $x^2+y^2=z^2$ という式はどうやって解けばいいでしょうか？

「この式が成り立つ x、y、z の値を見つければ良さそうな気がします」

「あ！ なら、$x=0$、$y=0$、$z=0$ にすればいいじゃん！」

$0^2+0^2=0^2$ だから等式は成り立ちますね。この式が成り立つ他の x、y、z の値も探してみましょうか？ 他にはどんな解があるかな？

「$x=1$、$y=0$、$z=1$ でもできます」

それもいいですね！ 僕はこんな解を考えてみました。$x=2$、$y=0$、$z=2$ はどうですか？ $2^2+0^2=2^2$ だから式は成り立ちますよね。**一般的には、$y=0$ のとき、x と z が同じ数であれば式は成立します**。
「先生、yのかわりに x が0でもいいですよね？ $x=0$、$y=1$、$z=1$ でも式が成り立ちます」
よく気づきましたね。実はこの方程式では x と y の役割を好きなように入れ替えることができます。解が負の数でも同じです。$x=-1$、$y=0$、$z=-1$ でも成立します。負の数を2乗したら結局は正の数になるので、x、y、z の値のうちどれかの符号を変えても式が成立するかどうかに影響は与えません。

$$x=-1、y=0、z=-1 \rightarrow (-1)^2+0^2=(-1)^2$$

ここまで見てきた結果では、**x、y、z の値のうち1つ以上が0のとき、方程式の解を簡単に求められました**。ここからは少し難しくなりますが、その分とてもおもしろい問題を解いてみますよ。**x、y、z の値がどれも0ではないときの解を見つける**という問題です。たとえば、こういうケースです。$x=1$、$y=1$、$z=\sqrt{2}$ でも、方程式は成り立ちます。

$$x=1、y=1、z=\sqrt{2} \rightarrow 1^2+1^2=\sqrt{2}^2$$

すでに僕たちはルート、つまり**平方根**のことを知っているので、これを使っていくらでも解を作ることができます。もし、$x=3$、$y=5$ なら、z の値はどうやって求めたらいいでしょうか？
「$3^2+5^2=z^2$ だから、ここにルートをつければ z がわかります」

「$z=\sqrt{(3^2+5^2)}=\sqrt{9+25}=\sqrt{34}$ です」

そのとおり。**好きな数を x と y に決めたら、$z=\sqrt{x^2+y^2}$ を計算して z を求める作戦です**。歴史をさかのぼると平方根の存在がまだ知られていなかった時代もありました。その当時の人たちは、こんな簡単な方法があるなんて想像できなかったでしょうね。

方程式の解について話すとき、「どういう種類の解」を知りたいのかに合わせて、問題の性質がかなり変わるということをここまで見てみました。ここからは、**x、y、z がすべて0ではなく、かつ簡単な種類の数の解**だけを探してみようと思います。

「先生、簡単な種類の数って何ですか？」

ハハハッ。簡単だって言われても、次に「数」って続くと難しそうに見えますよね？「簡単な種類の数」がどんな数を指しているのか、1つヒントをあげましょう。学校の数学の時間で一番最初に習う簡単な数は何でしょうか？

「自然数です！」

そうです。ここからは、**$z=\sqrt{x^2+y^2}$ を満たして、かつ x、y、z がすべて自然数の解**を見つけようと思います。ルートのせいで z の値を自然数にするのは簡単ではなさそうに見えます。でも一度、この条件を満たす x、y、z の数字の組み合わせを探してみましょうか？

「はぁ……何回計算しても z がずっとルートになっちゃいます」

「あっ、見つけました！ $x=3$、$y=4$ ならいいんだ！」

「本当？ $\sqrt{3^2+4^2}=\sqrt{9+16}=\sqrt{25}=5$ だから、たしかに x、y、z がみんな自然数だね！」

$x=3$、$y=4$、$z=5$ で、たしかに全部が自然数の解ですね。ここからは見やすいように解を、(3, 4, 5) みたいに書くことにします。他にも、例があるでしょうか？

「(6, 8, 10) です！」

少しずつ声が大きくなっているのを見るに、みんな楽しく解を見つけられてるみたいですね。$\sqrt{6^2+8^2}=\sqrt{36+64}=\sqrt{100}=10$ だから、方程式は成り立っています。でも、これは新しい解だとは言えません。(a, b, c) という解があるとき、$(2a, 2b, 2c)$、$(3a, 3b, 3c)$…というように、x、y、z が同じ自然数をかけた倍数になっていたら、まったく新しい解だとは言えないのです。

「また見つけました！ (5, 12, 13) です！」

よくできました。この解は、(3, 4, 5) の倍数ではないので、新しい解だと言えますね。

これで、方程式 $x^2+y^2=z^2$ の自然数の解を見つける方法のひとつがわかりましたね！

方程式ってどういう意味？

数学を勉強すればするほど、方程式の概念はどんどん多様で奥深くなっていきます。新型コロナウイルスが流行するスピードを予測するためには方程式を使わないといけないし、太陽系の惑星の軌道を調べるのにも「ニュートンの運動方程式」が必要です。とても小さなスケールのものでは、量子の法則が「シュレディンガー方程式」と呼ばれていたり、とても大きなスケールのものには宇宙の形を表す「アインシュタイン方程式」があります。

方程式は、まるでなぞなぞのようです。まだよくわかっていない数について、性質を実際に並べていって数式として表したときに、方程式ができあがります。たとえば、「ある数字を同じ数とかけあわせたら81になった。元々の数は何だっただろうか？」という問いをしてみます。答えは簡単にわかりますよね？ そう、9です。これを方程式で表すなら$x^2=81$の解を求めたわけです。

これよりももっと複雑ななぞなぞを解いてみましょうか？ ある農場に、馬、牛、豚の3種類の動物がいるのですが、全体から3頭引くと残りは全部馬、4頭引くと残りは全部牛、5頭引くと残りは全部豚になるというのです。このとき、馬、牛、豚はそれぞれ何頭いるのでしょうか？

何頭か把握しやすくするために、馬、牛、豚の数をそれぞれH、C、Pと呼ぶことにします。そうすると、全部の動物の数はこれらを足したH + C + Pになりますよね？ そこに、わかっている条件をどんどん合わせていきます。

3頭を除くと全部馬ということは、H + C + P - 3 = Hと表すことができます。これと同じように牛と豚の場合も、それぞれH + C + P - 4 = C、H + C + P - 5 = Pという等式が成り立ちます。

これを整理すると、H、C、Pの間では次のような等式が成立することがわかります。

C + P = 3、H + P = 4、H + C = 5

さあ、あとはH、C、Pの値がいくつなのか、みなさん自身で考えてみましょう*。すべての数を1個ずつ代入してもいいし、「連立方程式」に慣れ親しんでいれば、もう少し体系的に解いてみてもいいですよ。

*正解：馬（H）は3頭、牛（C）は2頭、豚（P）は1頭。

ピタゴラスの3人組を見つけよう②

$x^2+y^2=z^2$ の自然数の解を見つけるという課題の自然数の解を見つけるという課題は、長い間研究されてきた数学の問題です。昔の人たちは、この自然数の解を**ピタゴラス数**（Pythagorean Triple）と呼んでいました。なぜ、そう呼ばれていたのでしょうか？

「ピタゴラスの定理と関係がありそうです」

　ピタゴラスの定理は何についての定理でしたっけ？

「直角三角形！」

　では、次の直角三角形を一緒に見てみながら、もう少し詳しくお話ししましょう。辺の長さがそれぞれ a、b、c である直角三角形があります。a、b、c の間の関係性を式で表現してみましょうか？

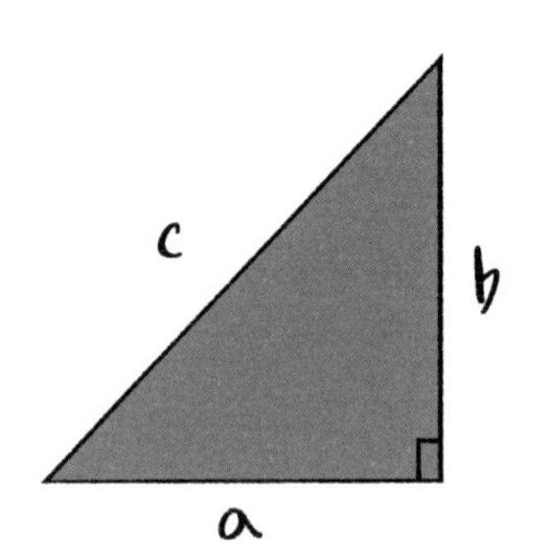

「$a^2+b^2=c^2$ です」

そうですね。これがまさにピタゴラスの定理なわけですが、ただ1つだけ注意すべきことがあります。僕たちが前回の授業で勉強したように、ピタゴラスの定理はいつも成立するわけではありません。どういうときには成り立たないんでしたっけ？

「地球の表面上にある直角三角形では成立しませんでした」

そう、一言で言えば**ピタゴラスの定理は平面でのみ成立します**。今日の授業では複雑な問題を避けるために平面上の直角三角形だけを扱おうと思います。またさっきの絵の直角三角形に戻って、$a=1$、$b=1$ と仮定したときの c の長さを計算できるかな？

「$\sqrt{2}$ です」

答えが合っているか確かめてみましょうか？ ピタゴラスの定理を使って計算してみると、$c=\sqrt{1^2+1^2}=\sqrt{2}$ で合っていますね。もう一度やってみましょう。もし、$a=2$、$b=1$ だったら、c の長さはどうなるでしょうか？ $\sqrt{2^2+1^2}=\sqrt{5}$ です。前回の授業では、平面上の座標が与えられたときにこうやって2つの点の間の距離を計算しました。長さがずっとルートで出てくるので複雑そうに見えますよね？ 計算も面倒ですし。僕たちと同じように古代の人たちもこんなことを考えていたはずです。**3辺の長さがすべて自然数のシンプルな直角三角形を見つけられないだろうか？** この条件ですが、なんだかどこかで聞いたような気がしませんか？

「さっきの方程式！」

「方程式 $x^2+y^2=z^2$ の自然数の解を探す問題とおんなじです！」

みなさんお気づきのように、方程式 $x^2+y^2=z^2$ は、ピタゴラスの定理 $a^2+b^2=c^2$ と見た目も似た物同士ですよね？ 方程式の自然数の解を求めるのと同じ原理でピタゴラス数も求めることができます。なので、**同じ問題を「数と方程式についての問題」とも、「直角三角形についての問題」とも解釈できるというわけです**。

なら、さっき見つけた方程式の自然数の解（3, 4, 5）と（5, 12, 13）はそのままピタゴラス数になります。加えて、（3, 4, 5）の倍数でつくられる解についても考えてみましょう。3辺の長さが（3, 4, 5）の三角形と、（6, 8, 10）、（9, 12, 15）の三角形はお互いどんな関係でしょうか？ 大きさがちがうだけで、形は同じ三角形です。

「そっくりさんですね」

ええ、そっくりさん同士になりますよね。そっくりさんをつくり続けることにはあまり意味がないので、まったく新しい三角形とそれに対応するピタゴラス数を探してみましょう。古代バビロニアとエジプトの人たちはピタゴラス数をとっても不思議なものだと思っていました。見つけるのが難しいですからね。だから、新しい数を見つけると興味津々だったという記録が残っています。古代から今日までの間にさまざまな人が苦労して見つけ出したユニークなピタゴラス数たちを一緒に見てみましょう。

もちろん、これらはピタゴラス数のごく一部です。この中から気に入ったものを1つ選んでみてください。本当にピタゴラス数なのかを確かめてみましょう。大きな数ですから、計算機を使ってもいいですよ。僕は（68, 285, 293）が気に入りました。

$$\sqrt{68^2+285^2}=\sqrt{4624+81225}=\sqrt{85849}$$

$$\sqrt{85849}=?$$

(20, 99, 101)　(60, 91, 109)　(15, 112, 113)　(44, 117, 125)

(88, 105, 137)　(17, 144, 145)　(24, 143, 145)　(51, 140, 149)

(85, 132, 157)　(119, 120, 169)　(52, 165, 173)　(19, 180, 181)

(57, 176, 185)　(104, 153, 185)　(95, 168, 193)　(28, 195, 197)

(84, 187, 205)　(133, 156, 205)　(21, 220, 221)　(140, 171, 221)

(60, 221, 229)　(105, 208, 233)　(120, 209, 241)　(32, 255, 257)

(23, 264, 265)　(96, 247, 265)　(69, 260, 269)　(115, 252, 277)

(160, 231, 281)　(161, 240, 289)　<u>(68, 285, 293)</u>　……

計算機で$\sqrt{85849}$を計算すると、自然数の293が出てきました。(68, 285, 293) は、たしかにピタゴラス数ですね。このような自然数の解を見つけるのがどれくらい難しいことかを実感するためには、自然数a、bの値をランダムに変えて$\sqrt{a^2+b^2}$を計算してみてください。cの値がルートがつかない自然数になることはほとんどないということが身に染みてわかると思います。

人間がいつからこうやってピタゴラス数を探しはじめたのかは定かではありません。最近では、幾何学を使ってピタゴラス数をつくっていたりもするんですよ。

「ああ、全部見つかっているわけではないんですね」

「幾何学を使うと、条件に合う直角三角形をつくるのが簡単になるんですか？」

普通は直角三角形をどうやってつくりますか？ まず3辺の長さを決めないといけないですよね。かつ、その長さは全部自然数じゃないといけません。3辺の長さがすべて自然数の三角形であれば、次の図のように簡単につくることができます。

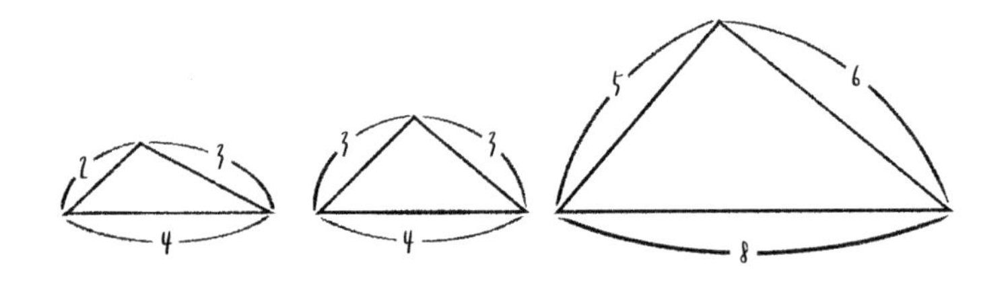

でも、なんだかおかしいですよね？

「あれ？ 全部直角三角形じゃありません」

3辺の長さがすべて自然数だと、直角三角形にするのが難しく、直角三角形のときは3辺の長さがすべて自然数であるケースというのは珍しいんです。なので、この問題を解くためには、やたらめったら試すよりも幾何学の勉強が必要なんです。ここからは幾何学の勉強をもう少ししてみます。難しくないから、リラックスしてついてきてくださいね！

Part 2

円とは何かと聞かれたら

みなさん、円の方程式って知っていますか？

「いいえ、初めて聞きました」

まだ知らなくても大丈夫です。今から一緒に勉強しましょうね。

数学の勉強をする方法には2種類あります。1つ目は、学校での体系的な勉強です。2つ目は自由に想像しながら考えて学ぶやり方です。1つ目が練習問題をたくさん解いて、テストを受けたりしながら数学を正確に理解していく方法だとしたら、2つ目は数学的な事実を目の当たりにしたときに自分で考えてみながら自然に身につけていく方法です。

2種類の方法はどちらもとても重要ですが、今日は2つ目の方法で円の方程式を勉強します。この授業でまず味見をしておくと、あとから学校でしっかり習うときに必ず役に立ちます。今回の授業で必要なのは、前に勉強した**座標**の概念と**ピタゴラスの定理**だけです。だから、リラックスしてスタートしましょうね？

まず、次のような2つの座標軸を描いてみます。$y=x^2$ はどんな方程式でしょうか？

「2次方程式です」

では、この2次方程式のグラフを座標の平面に描いたら、どのような形になるかな？
「零点を通って、下の方に出っ張った2次関数のグラフになります」
このようなタイプの曲線を**放物線**と言います。そして、この**放物線の形は $y=x^2$ という方程式を表している**という言い方をします。グラフ上にある点の座標が、すべてこの方程式を満たすという意味です。たとえば、点（1, 5）はこのグラフ上に位置するでしょうか？

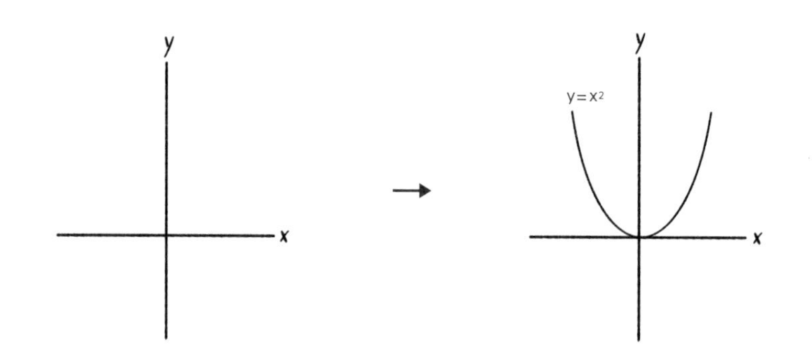

「グラフ上にはないと思います」
そのとおり。$y=x^2$ の式に代入すると、$5 \neq 1^2$ ですからね。では、点(3, 9）はどうでしょうか？
「$9=3^2$ だから、グラフ上にあります」
そうですね。点（-1, 1）はどうですか？ $1=(-1)^2$ だから、これもグラフ上にあります。この方程式のグラフを描くということは、点(3, 9)、(-1, 1）と他にこの方程式を満たすすべての点を結んで描くということです。
さあ、ここからは本格的に円の方程式について見ていきましょう。図のように半径が1の円の方程式はどうなるでしょうか？
この円の上にある任意の点 (a, b) を満たす方程式を探してみましょう。たとえば、(3, 1) という点は円の上にあるでしょうか？

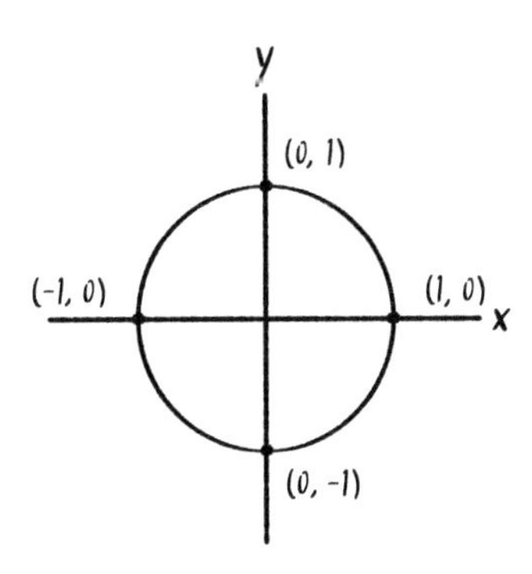

「いいえ」

そう、円の上にはありません。どうして答えがわかったのかな？

「円の半径が1だから、点（3, 1）はその外にあるはずです」

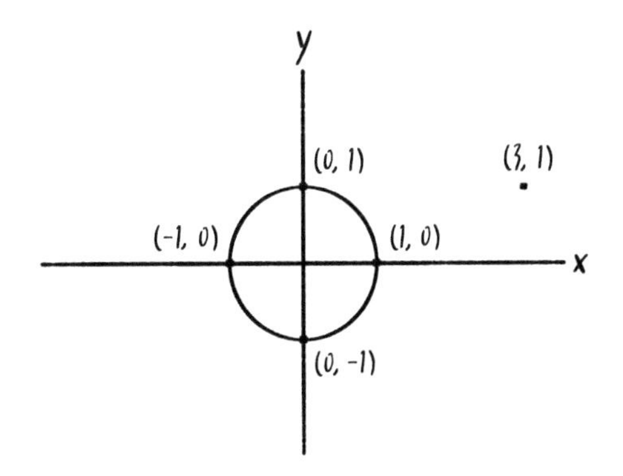

そうですね。このグラフは（1, 0）と（0, 1）を通る円の形をしているので、点（3, 1）を通ることはないとすぐわかります。

今度は、少し難しい問題を出しますよ。点（$\frac{1}{2}, \frac{2}{3}$）はこの円の上にあるでしょうか？ ないでしょうか？

「ありそうな気がします」

「ちょっと自信がないです」

数学的な問いについて答えを求めるときには、概念を正確に捉えられるように復習するのがいいですよ。この問題でも、根本にある概念からおさえていこうと思います。円の定義って何でしょうか? 円はどういうことを意味していますか?

「うーん……曲線でぐるっと囲まれた図形?」

そういえば、ここでの「円」というのは曲線部分だけを指します。曲線の内側まで含むときは「円板」と呼んで区別をしましょう。

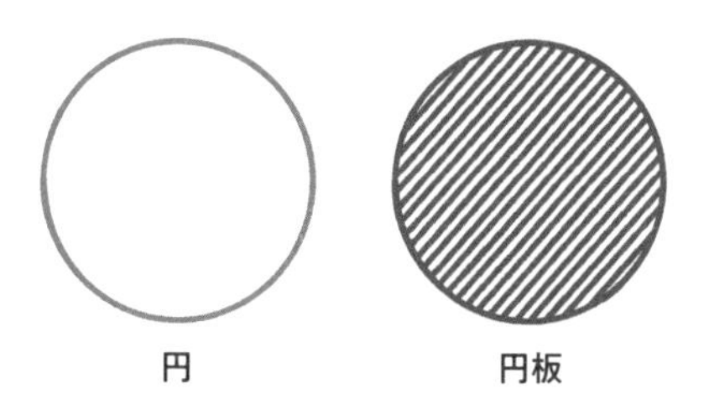

今、僕たちが見つけないといけないのはまわりの曲線の定義です。この曲線はどういう規則性を持った点たちの集まりでしょうか?

「うーん……」

ちょっと質問が難しかったですかね? ヒントをあげましょう。みなさんは円を描くとき、どんな道具を使いますか?

「コンパスです」

コンパスの脚を片方固定したまま、もう一方の脚をぐるっと1周回して円を描きますよね。こういう方法で描いた円は中心から同じ距離にあるすべての点を集めた図形です。このとき、中心点をp、半径をrとすると、円をどう定義できるでしょうか?

「中心点pからの距離がrであるすべての点の集合です」

すばらしいまとめですね! そろそろ円の方程式の話に戻ってみましょう。

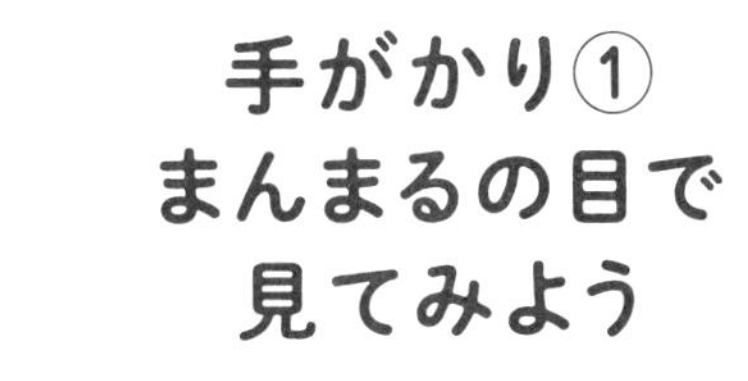

手がかり①
まんまるの目で見てみよう

次の図のような円があったとします。この円の中心点pは原点です。原点の座標は何になりますか？

「(0, 0) です」

そして、半径rの長さは？

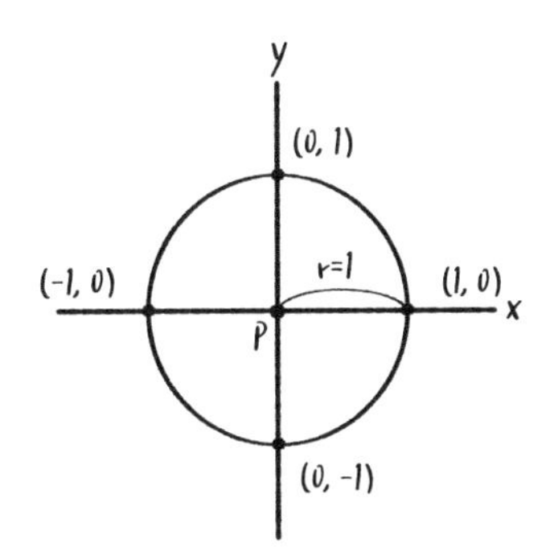

「r=1 です」

はい、そのとおりです。さっき勉強した円の定義をもう一度おさらいしてみましょう。この円はどんな点の集合でしょうか？

「原点からの距離が1であるすべての点の集合です」

そうすると、点 $\left(\frac{1}{2}, \frac{2}{3}\right)$ がこの円の上にあるかは、どうしたらわかるでしょうか？

「原点からの距離が1なのかを確かめてみればいいんです」

そうですね。では、どうやって確かめましょうか？　前に僕たちが距離を計算したときには何を使いましたっけ？

「ピタゴラスの定理を使いました！」

そう！　ピタゴラスの定理で円の上にある点なのかどうかを確かめてみましょう。ピタゴラスの定理を使って計算すると、次のような結果になります。

$$\sqrt{\left(\frac{1}{2}\right)^2+\left(\frac{2}{3}\right)^2}=\sqrt{\left(\frac{1}{4}+\frac{4}{9}\right)}=\sqrt{\left(\frac{9}{36}+\frac{16}{36}\right)}=\sqrt{\left(\frac{25}{36}\right)}=\frac{5}{6}$$

原点から点 $(\frac{1}{2}, \frac{2}{3})$ までの距離が $\frac{5}{6}$ ならば、この点は円の上にありますか？　ありませんか？

「ありません」

こうやって座標を使うととっても便利ですよね？　円の上にある点なのかどうかを、今みたいに計算だけで知ることができますからね。

次は、原理は同じだけれどちょっと抽象的な話をしようと思います。(a, b) という点がこの円の上に位置するためには、ある式を必ず満たす必要があります。その式とは何でしょうか？

「$\sqrt{a^2+b^2}=1$ です」

この方程式はどういうことを意味しているのでしょうか？　数式を言葉で表現してみましょうか。

「原点から点 (a, b) までの距離は１である」

そうです。数学を勉強するときは、こういう練習をたくさんするといいですよ。何かの等式を見たときに、その意味を言葉で表現する練習です。なんでこの式にしたのかを自分自身で点検してみるんです。

今出てきた $\sqrt{x^2+y^2}=1$ の形の式こそ、円の方程式です。つまり、原点が中心で、半径が１の円の方程式です。この式を満たす点が全部集まると、半径が1の円ができあがります。でも、ルートがあると面倒くさいので式の両側を2乗してルートを消すことができます。$x^2+y^2=1$ という形にね。

あともうちょっと慣れるために、他の例も見てみましょう。原点が中心で半径が2の円の方程式はどうなるかな？

「$\sqrt{x^2+y^2}=2$ です」

そうですね。ここからルートを消してみましょうか？

「式の両側を2乗するんだから、$x^2+y^2=4$ です」

原点が中心で半径が10だと、どうでしょうか？

「$x^2+y^2=100$ です」

もうこれで、みなさんは円の方程式をマスターしました。思っていたよりも簡単でしょう？ 最初は円の概念を詳しく勉強しようと言われて頭が痛くなったかもしれないですが、この概念さえしっかり覚えていれば、円の方程式はすんなり理解することができます。

半径が1の円の上にある点をもう1つ探してみましょう。点 $(\frac{3}{5}, \frac{4}{5})$ は、円の上にあるでしょうか？ 計算してみましょう。

「あります。$\left(\frac{3}{5}\right)^2+\left(\frac{4}{5}\right)^2=\frac{9}{25}+\frac{16}{25}=\frac{25}{25}=1$ だからです」

はい、このようにある点が円の上に位置するのかどうかを計算で確かめることができます。**ピタゴラス数**の話をしながら僕たちが考えていた問いは、**$a^2+b^2=c^2$ において a, b, c が自然数でないといけない**というところでした。でも、ちょっと難しかったですよね？ c の値を求めるためには、a^2+b^2 にルートをつけないといけないですからね（$\sqrt{a^2+b^2}$）。**もし、このときルートをつける代わりに両辺を c^2 で割ったらどうでしょうか？**

「$\frac{a^2}{c^2}+\frac{b^2}{c^2}=\left(\frac{a}{c}\right)^2+\left(\frac{b}{c}\right)^2=1$ になります」

この方程式は、点（$\frac{a}{c}$, $\frac{b}{c}$）についてどんなことを伝えていますか？
「点（$\frac{a}{c}$, $\frac{b}{c}$）は半径が1の円の上にあります！」

そうですね！ まさにそういう意味です。では、a、b、cがすべて自然数になるには、$\frac{a}{c}$と$\frac{b}{c}$はどういう数である必要があるでしょうか？ 分数じゃないといけないですよね？ 言い換えれば、**有理数**である必要があるとも言えそうです。

整数と分数をまとめて有理数と言います。整数は負の整数と0、そして正の整数のことで、分数は整数aを整数b（$b \neq 0$）で割って、$\frac{b}{a}$という形で表現したものを指します。有理数と分数を同じ意味で使うことも多くあります。

有理数：整数、分数
整数：負の整数（-1, -2, -3…）、0、正の整数（1, 2, 3…）
分数：整数aを整数b（$b \neq 0$）で割り、$\frac{b}{a}$という形で表現したもの

整理すると、$\left(\frac{a}{c}\right)^2+\left(\frac{b}{c}\right)^2=1$のように円の上に位置し、かつ有理数の座標を持った点を見つければ、$a^2+b^2=c^2$の自然数の解も簡単に求められます。この2つは表し方がちがうだけで、結局は同じ式ですからね。

たとえば、(r, s)という点があったとします。rとsが有理数ならば、整数a、b、cを使ってこのような感じで表すことができます。$(r \neq 0)$

$$r=\frac{a}{c},\ s=\frac{b}{c}$$

通分をすれば、同じ分母を持たせることができます。点(r, s)が半径が１の円の上にあるならば、$\left(\frac{a}{c}\right)^2+\left(\frac{b}{c}\right)^2=1$と言えるはずです。この式を$a^2+b^2$の形で整理すると、どうなりますか？

「$a^2+b^2=c^2$です」

だから、この原理を使って$a^2+b^2=c^2$を満たす自然数の解を求めることができるんです。**ピタゴラス数を求める問題と円の上に位置する有理数の点を求める問題は同じ**なんだということを、よく覚えておいてくださいね。

手がかり1

✓まんまるの目で見て、円の視点から

ピタゴラスの定理を見てみよう

ピタゴラスの定理$a^2+b^2=c^2$を

$\left(\frac{a}{c}\right)^2+\left(\frac{b}{c}\right)^2=1$という円の方程式の形に整理する！

手がかり②
直線と円を
合わせてみよう

さあ、ここからは円の上にある有理数の点をどうやって探すのかを詳しく見ていく番です。**直線の方程式**って聞いたことはありますか？

「一次方程式のことですか？」

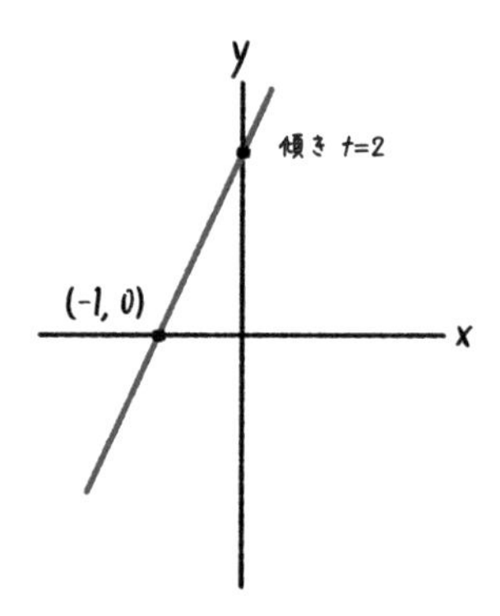

そう、一次方程式です。たとえば、(-1, 0) という点を通る、傾きが 2 の直線があるとします。この直線の方程式をつくってみましょうか？

「直線の基本の式 $y=ax+b$ の中だと、a が傾きだから $2x$ です」

「そこに (-1, 0) を代入すると、$0=2\times(-1)+b$ だから、$b=2$ が出てきます！ $y=2x+2$ です」

ここまでよくできました。これを今度は一般的な式に整理してみます。点 (-1, 0) はそのまま、傾きが t だとすると方程式はどうなりますか？

「$y=tx+t$ です」

傾きが t だから $y=tx+b$ となるところ、点 (-1, 0) を通るので $b=t$ になるわけです。$y=tx+t$ の各項には t が入っているので、$y=t(x+1)$ とさらにシンプルに書くこともできます。

今度は、点 (-1, 0) を通って、傾きが 10 の直線を描いてみようと思います。直線の方程式に当てはめると、$y=10(x+1)$ になりますね。半径が 1 の円の方程式はどんな見た目だったかな？

「$x^2+y^2=1$ です」

今から直線と円が合わさる交点（Intersection Point）の座標を求めてみようと思います。

直線の方程式 $y=10(x+1)$ と円の方程式 $x^2+y^2=1$ を図で表すと次のようになります。

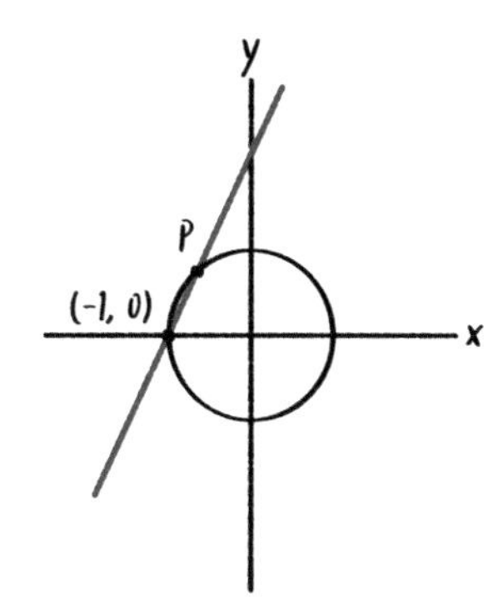

図を見たところ、直線と円が交差する点は 2 つありそうで、そのうち 1 つはもう座標がわかっています。

「(-1, 0) ですね」

では、もう1つの点の座標を求めてみましょう。この点Pの座標を (m, n) とします。Pが直線の方程式と円の方程式を同時に満たすという事実を利用して、座標を求めます。

まず、直線の方程式 $y=10(x+1)$ に (m, n) を当てはめると、$n=10(m+1)$ になります。m がわかれば、n は簡単にわかりそうですね？ 次に、円の方程式を見てみます。点 (m, n) は円の上にあるので、$m^2+n^2=1$ も成り立つ必要があります。

$$n=10(m+1)$$
$$m^2+n^2=1$$

これら2つの条件が僕たちに与えられました。ここからどうするのがよいでしょうか？

「うーん……直線の方程式の n を円の方程式に代入してみるとかでしょうか」

いいアイデアですね！ そうすれば、円の方程式を m についての式として整理することができますからね。これが、この問題のポイントです。いま僕たちが知らない値は m と n の2つですが、幸い2つの条件だけ満たせばいいんですよね？ その条件を組み合わせてあげれば、m と n の値を求める方法が浮かび上がってきます。

みなさんの言ってくれたとおり、円の方程式を m についての式として整理し直すと $m^2+\{10(m+1)\}^2=1$ です。式をひも解くと、次のように整理することができます。1ステップずつ、ゆっくりついてきてくださいね。

$$m^2+\{10(m+1)\}^2=1$$
$$m^2+100(m+1)^2=1$$
$$m^2+100m^2+200m+100=1$$
$$101m^2+200m+99=0$$

mについての式としてきれいに整理することができましたね！ きれいに整った式を見ると、すぐにでもmが導き出せそうな予感がしてきました。では、ここからは本格的にmの値を求めてみます。

手がかり2

✓直線と円が合わさる交点の座標を求めよう

直線の方程式$n=10(m+1)$

円の方程式 $m^2+n^2=1$

手がかり③ ルートが消える秘密を解こう

m の値を求めるために、新たに加わる仲間を紹介します。**解の公式**を知っていますか？ **2次方程式の解を求める公式**なんですが……。

「$ax^2+bx+c=0$ のとき、$x=\dfrac{-b\pm\sqrt{b^2-4ac}}{2a}$ です」

よく知っていますね！ 解の公式に $a=101$、$b=200$、$c=99$ を代入すると、次のように計算することができます。

$$m=\frac{-200\pm\sqrt{200^2-4\times101\times99}}{2\times101}$$
$$=\frac{-200\pm\sqrt{40000-39996}}{202}$$
$$=\frac{-200\pm\sqrt{4}}{202}=\frac{-200\pm2}{202}$$
$$\therefore m=-1 \text{ もしくは } -\frac{99}{101}$$

こんなふうに、解の公式を使って -1、$-\dfrac{99}{101}$ という2つの解を見つけられました。このうち、-1 は当然の結果ですよね？ 直線と円が交わる2つの点のうち、1つの座標が $(-1, 0)$ であることは確認済みですからね。僕たちが知りたいのは、もう1つの点Pの座標 (m, n) でした。これで、$m=-\dfrac{99}{101}$ ということがわかったので、n も求められますね。どうすればいいでしょうか？

「$n=10(m+1)$ の式に、m の値を当てはめて計算すれば、n の値が出ます！

$n=10(-\frac{99}{101}+1)=\frac{20}{101}$ です」

そう、そのとおりです。たった今やった計算に、おもしろい事実がかくれています。気づいた人はいますか？ 点Pの座標は、$(-\frac{99}{101}, \frac{20}{101})$ でどちらの数も有理数です。点Pは半径が1の円の上にある点だから、$x^2+y^2=1$ という円の方程式も満たすはずですね？

$$\left(-\frac{99}{101}\right)^2+\left(\frac{20}{101}\right)^2=\frac{99^2}{101^2}+\frac{20^2}{101^2}=1$$

$\frac{99^2}{101^2}+\frac{20^2}{101^2}=1$ の計算のところでストップしましょう。ピタゴラス数の話に一度戻ってみます。ピタゴラス数と円の有理数の関係を覚えていますか？ ここでも、その発想を使って両辺に 101^2 をかけてみるんです。そうすると、$99^2+20^2=101^2$ とピタゴラスの定理の形になります。ちょっと変わった方法ではありますが、(99, 20, 101) というピタゴラス数を見つけることができました。

実は、これにはとても巧妙なアイデアがかくれています。さっき、解を計算するときに $x=\frac{-b\pm\sqrt{b^2-4ac}}{2a}$ という**解の公式**を使いました。解の公式を使うと、a、b、c がすべて有理数でもルートがなくならないことが多いです。b^2-4ac が有理数の2乗であればルートをなくすことができますが、なかなかそうはいきません。でも、さっきの方程式では奇跡的にルートがなくなったんです。どうしてそうなるのか、今から説明してみようと思います。

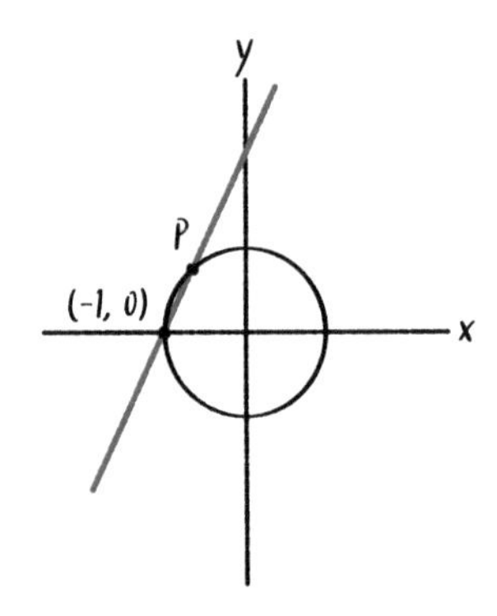

直線と円が交わるグラフをもう一度見てみましょう。先ほどは直線の方程式の傾き t を 10 にしましたが、t は有理数であればどんな数でもかまいません。有理数ではない数、たとえば $\sqrt{2}$ のような数はダメですけどね。$\frac{1}{2}$ や 100、$\frac{1}{1000}$ とか $\frac{99}{10000}$ のような有理数はどれも使うことができます。

直線の方程式 $y=t(x+1)$
円の方程式 $x^2+y^2=1$

直線の方程式を円の方程式に代入すると次のような式が現れます。

$$x^2+\{t(x+1)\}^2=1$$
$$x^2+(t^2x^2+2t^2x+t^2)-1=0$$
$$(t^2+1)x^2+2t^2x+t^2-1=0$$

ここでのポイントは、**この式を解くと有理数の解しか出てこないということです**。$ax^2+bx+c=0$ という方程式を解くと、普通は無理数の解が出てくるのですが、この式ではいつでも有理数の解が出ます。どうしてでしょうか？ ヒントは、解の１つは -1 ということです。

「うわぁ！まだ方程式を解き終わってないのに、先生はどうして解がわかったんですか？」

ハハハッ。答えは意外と味気ないんですよ。実は最初からそうなるように方程式をつくっていたんです。あらかじめ、直線と円がどちらも $(-1, 0)$ を通ることを決めていたので、$x=-1$ はいつもこの方程式の解になります。そして、傾き t が有理数なので、t^2+1、$2t^2$、t^2-1 などの係数はみんな有理数になります。

さあ、重要なポイントをお話しすべきときが来ました。

２次方程式の係数が有理数のとき
１つの解が有理数ならば、残りの解も必ず有理数である。

これを僕たちが解いていた方程式に当てはめてみましょうか？ この方程式の解の１つは -1、つまり有理数なので、残りの解も必ず有理数というわけです。確かめてみましょう。

解の公式によれば、二次方程式の２つの解は $x=\frac{-b+\sqrt{b^2-4ac}}{2a}$ と $x=\frac{-b-\sqrt{b^2-4ac}}{2a}$ です。このうち、１つめの $x=\frac{-b+\sqrt{b^2-4ac}}{2a}$ が有理数だと仮定します。そうすると、両辺に $2a$ をかけた $2ax+b=\sqrt{b^2-4ac}$ も有理数になります。有理数はどれだけ足しても、引いても、かけても、割っても、有理数ですからね。したがって、もう１つの解 $x=\frac{-b-\sqrt{b^2-4ac}}{2a}$ も必ず有理数になります。同じロジックで、２つめの解が有理数なら、１つめの解も有理数になります。なので、２つのうちどちらの解が有理数でも $\sqrt{b^2-4ac}$ が有理数になり、もう片方の解も有理数になるというのがポイントです。ここまで、ついてこられましたか？

「うーん、わかったような、わかっていないような……モヤっとしています」

聞いてすぐはややこしいかもしれませんが、この論理を何度か復習してみるときっと理解できますよ。数学を勉強していると複雑な計算や難しい論理に出くわしますが、僕や優れた数学者たちも、みんな同じようにこうやって勉強してきました。だから、この論理を完璧に理解したいと思ったら、ゆっくり何度か見返してみてください。

それと、いい方法がもう１つあります。傾きtを他の有理数に変えてみながら、１人で練習してみるんです。たとえば、$t=7$ならどうなるでしょうか？ $t=7$のとき、直線$y=t(x+1)$と円$x^2+y^2=1$の交わる点を探して、ピタゴラス数を作ってみてください。さあ、だれか挑戦してみてくれるかな？

「うーん……まず、円の方程式$x^2+y^2=1$に$y=7(x+1)$を当てはめたら、$50x^2+98x+48=0$と整理できます。ここに解の公式を使うと、$x=-1$もしくは$-\frac{24}{25}$という解が出てきます。そのうちの$x=-\frac{24}{25}$を$y=7(x+1)$に当てはめると、$y=\frac{7}{25}$になります。これで交わる点がわかったから……」

「ここからはやらせて！ そのあと、円の方程式の形で整理すると$(-\frac{24}{25})^2+(\frac{7}{25})^2=1$だから、ピタゴラス数は（24, 7, 25）です！」

「ちぇっ！ 一番ラクちんなところだけ自分がやるなんて」

ハハハッ。力を合わせて正解にたどり着きましたね。みんなよくできました。

まとめると、**傾きtが有理数ならば、交点（m, n）のmは有理数になるので、nも有理数になります**。このように$x^2+y^2=1$という円の上に（x, y）座標が有理数の点は何個あるでしょうか？ ものすごく多いはずですよね？ 傾きが有理数という状況は無数にありますからね。

これを使えば、$a^2+b^2=c^2$ を満たすピタゴラス数をいくらでも探すことができます。

数千年前の古代の人たちはピタゴラス数をとても不思議なものだと思っていましたが、現代ではこの方法を使ってピタゴラス数をいくらでも見つけることができます。

ここまで円と直線の**交点**を使って、$x^2+y^2=z^2$ の自然数の解を求める方法について勉強してみました。一見すると数についての問題に見えても、幾何学的な方法でも解けるということがわかったと思います。前の授業のときから何度も確かめているように、**「数の勉強」と「形の勉強」は密接に関わっています**。

手がかり3

✓解の公式からルートがなくなって
有理数の解を出せる秘密の方法を見つけよう

解の公式 $ax^2+bx+c=0$ ($a\neq 0$) のとき、$x=\dfrac{-b\pm\sqrt{b^2-4ac}}{2a}$

フェルマーの最終定理：戦いを終わらせるのはだれだ

方程式を使って自然数の解を求めるときに、2次方程式$x^2+y^2=z^2$で使ったやり方を、$x^3+y^3=z^3$や$x^4+y^4=z^4$、$x^5+y^5=z^5$とかにも使えるでしょうか？

「3乗、4乗、5乗かぁ……」

「見るだけでクラクラしそうです。とっても難しそう！」

ハハハッ。あんまり心配する必要はないですよ。乗数が大きくなっても自然数の解を簡単に見つける方法がありますからね。2乗の場合と同じように、**$x^n+y^n=z^n$というn次方程式の1つの項を0の累乗にして、残り2つの項の値を同じにすれば、簡単に解を求めることができます。**

たとえば、xに0を入れて$(0, y, y)$、yに0を入れて$(x, 0, x)$というようにです。nが偶数の指数なら、$(\pm x, 0, \pm x)$を入れてもn次方程式は成り立ちます。原則としては、このような形で3つの自然数x、y、zのうち1つを0にすれば、自然数の解を簡単に求められます。

でも、その途中で次のようなことに気づくかもしれません。

$x^n+y^n=z^n$ において $n \geqq 3$ ならば
x,y,z すべてが 0 以外の自然数の解は存在しない

これを**フェルマーの最終定理**といいます。

$n=2$、つまり $x^2+y^2=z^2$ のとき、3つすべて0ではない自然数の解が無数にあるということは前に確かめましたね。でも、指数 n が3以上になると、x、y、z すべて0以外の自然数の解はありません。

ピエール・ド・フェルマー（Pierre de Fermat）というフランスの数学者が1637年にこのことを最初に発表しました。でも、証明まではしませんでした。『算術（Arithmetica）』という本の片隅に、「私はこの定理を証明したが、余白がないため証明は省略する」と落書きみたいに書いただけでした。その後、たくさんの人がこの定理を証明するために長い間努力を重ねました。すると、アンドリュー・ワイルズ（Andrew Wiles）という数学者が、およそ7年間粘り強く努力した末、ついに1993年に証明を発表しました。フェルマーの時代から、350年あまりの時間が経ったあとでした。

ワイルズの証明は「モジュラー楕円曲線とフェルマーの最終定理（Modular elliptic curves and Fermat's Last Theorem）」という論文で1995年に最終的に出版されました。かなり複雑な数学がぎっしり詰まっていて、難しい記号も山のように出てきます。この論文だけでもPDFファイル109ページ分ですが、論文で引用されているほかの数学の証明まで含めたら数千ページにもなるでしょう。

しかし、実は1993年の発表後まもなく、ワイルズの証明に含まれていたまちがいが発見されたのです。そのまちがいを直すのに、また1年がかかりました。後日ワイルズは、このまちがいを訂正するまで

Annals of Mathematics, **141** (1995), 443-552

Pierre de Fermat

Modular elliptic curves and Fermat's Last Theorem

By Andrew John Wiles*

For Nada, Claire, Kate and Olivia

Andrew John Wiles

Cubum autem in duos cubos, aut quadratoquadratum in duos quadratoquadratos, et generaliter nullam in infinitum ultra quadratum potestatum in duos ejusdem nominis fas est dividere: cujes rei demonstrationem mirabilem sane detexi. Hanc marginis exiguitas non caperet.

- Pierre de Fermat ~ 1637

Abstract. When Andrew John Wiles was 10 years old, he read Eric Temple Bell's *The Last Problem* and was so impressed by it that he decided that he would be the first person to prove Fermat's Last Theorem. This theorem states that there are no nonzero integers a, b, c, n with $n > 2$ such that $a^n + b^n = c^n$. This object of this paper is to prove that all semistable elliptic curves over the set of rational numbers are modular. Fermat's Last Theorem follows as a corollary by virtue of work by Frey, Serre and Ribet.

Introduction

An elliptic curve over **Q** is said to be modular if it has a finite covering by a modular curve of the form $X_0(N)$. Any such elliptic curve has the property that its Hasse-Weil zeta function has an analytic continuation and satisfies a functional equation of the standard type. If an elliptic curve over **Q** with a given j-invariant is modular then it is easy to see that all elliptic curves with the same j-invariant are modular (in which case we say that the j-invariant is modular). A well-known conjecture which grew out of the work of Shimura and Taniyama in the 1950's and 1960's asserts that every elliptic curve over **Q** is modular. However, it only became widely known through its publication in a paper of Weil in 1967 [We] (as an exercise for the interested reader!), in which, moreover, Weil gave conceptual evidence for the conjecture. Although it had been numerically verified in many cases, prior to the results described in this paper it had only been known that finitely many j-invariants were modular.

In 1985 Frey made the remarkable observation that this conjecture should imply Fermat's Last Theorem. The precise mechanism relating the two was formulated by Serre as the ε-conjecture and this was then proved by Ribet in the summer of 1986. Ribet's result only requires one to prove the conjecture for semistable elliptic curves in order to deduce Fermat's Last Theorem.

*The work on this paper was supported by an NSF grant.

アンドリュー・ワイルズの論文
「モジュラー楕円曲線とフェルマーの最終定理」の一部

の期間が人生で最も苦しい時間だったと語っています。もう発表してしまっているので必ず直さなければいけない一方で、複雑な証明ですからもう一度チェックしていくだけでもどれほど難しい作業になるのか想像できます。

時間がかなりかかったものの、ワイルズは最終的にはまちがいを訂正することができました。これはあきらめずに努力を続けたので成し遂げられた、彼のもう１つの偉業です。想像してみてください。とっても複雑な数学の問題がようやく解けたのに、よく見てみたら自分がミスをしていて、まちがいを直すのには何年もかけて一生懸命取り組まないといけないなんて……みなさんだったらどう思いますか？

「はずかしすぎて、逃げたくなるような気がします」

「がんばれると思います。直すのはすごくイヤだけど、それでも苦労して証明したことだから！」

「先生、でもなぜフェルマーは答えを知っていたのに証明はできなかったのでしょうか？」

それについては、さまざまな推測がされていますが、フェルマーも当時きちんと証明できていなかった可能性が高いです。自分では証明できたと思っていたけれど、何かまちがいがあったのでしょう。

振り返ってみると、フェルマーの最終定理が完全に証明されるまでには、かなりの数学の進歩が必要でした。つまり、とても現代的な数学が必要だったというわけですが、そのような証明をフェルマー自身が知っていた可能性は低いでしょう。ただ、真相はわかりません。もしかすると、もっと簡単な証明があるのに、現代の僕たちが気づいていないだけなのかもしれません。フェルマーがすごく簡単な証明の方法を知っていた可能性もありますが、数学の歴史を見るとおそらくフェルマーが何かしら勘違いをしていた可能性の方が高いと思います。

今日勉強したように、数についていろいろな種類の方程式を学ぶ学問を**整数論**（Number Theory）といいます。僕がこの授業で整数論のようなかなり難しい分野を扱ったのには理由があります。1つめは、整数論を扱いながら学校で勉強するさまざまな概念を復習したり、新しく身につけたりすることができるから。2つめは、複雑な計算についていくことで難しい問題でも理解できる力を伸ばすことができるから。3つめは、解き方は難しくても結論までたどり着いて、数と形の概念が調和する美しさをみなさんに見せたかったからです。

ついていくのがたいへんな計算がたまにあったかもしれませんが、今日の授業も楽しんでもらえたことを願っています。僕はみなさんと数学について話すのがとっても楽しいのでね。みなさんも同じ気持ちだとうれしいです。ではまた次回、さらにおもしろい授業でお会いしましょう！

数学って
おもしろいでしょ？

フェルマーってどんな人？

フェルマーは、科学にとって革命の時代といえる17世紀の最も優れた学者の1人です。彼は、パリ周辺で活動していた多くの科学者たちとはちがって、生涯フランス南西部の田舎で法律家の仕事をしていました。そのかたわらでヨーロッパの科学界のさまざまな人物たちと交流しながら、数学の歴史において革命的な発見を世に出しました。

ブレーズ・パスカル（Blaise Pascal）と一緒に現代の確率論の基礎をつくり、ルネ・デカルト（René Descartes）とともに独自の「座標幾何学」の理論をつくって幾何を代数的に表現したり分析したりできるようにしました。光の運動を初めて正確に説明したりもしました。「光は常に最短のルートを通る」という事実を発見し、それには「フェルマーの原理」という名前がつきました。

フェルマーの業績の中で最も際立ったものは、現代の整数論の基礎をつくったという点です。フェルマーは科学以外にもさまざまな分野に関心を持っていましたが、その一方で、世の中の出来事とはあまり関連していそうにない整数と素数をとても重要視していました。では、僕たちもフェルマーの整数論の定理のうちの1つを一緒に見てみましょうか？

ある素数を2つの2乗の数の和として表現してみます。たとえば、2、5、13、17のような数を次のように2乗の数の和として表すのです。

$2=1^2+1^2, 5=2^2+1^2, 13=3^2+2^2, 17=4^2+1^2$

これを方程式に整理すると、次のような問いが浮かんできます。

素数 p があるとき、$x^2+y^2=p$ の自然数の解は存在するのか？

そのような解はあるのでしょうか？フェルマーは「あまり」の概念を使って、この問いへの答えを見つけました。

素数 p があるとき
$x^2+y^2=p$ の自然数の解が存在するためには
$p=2$、もしくは p を 4 で割ったあまりが 1 でなくてはならない

なので、$p=5, 13, 17, 37, 41, 53$ のときは自然数の解が存在しますが、$p=7, 11, 19, 23$ のときには存在しません。

フェルマーの整数論の定理は、後世の整数論に多くの影響を与え、今でもインターネット通信や暗号学のような先端技術の研究を支えています。

雲からお魚まで、教室の外のハテナ

エアコンの風もべたっと感じるような夏終盤の研究室。窓の外に広がる青空にはそれぞれちがった形をした、もくもくとした雲が流れていく。ボーっと窓の外をながめていたジュアンが、ふと先生に質問を投げかけた。

夏だから空に雲が多いの？

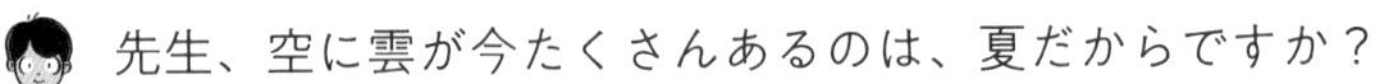
先生、空に雲が今たくさんあるのは、夏だからですか？

興味深い質問ですね！　結論からお話しすると、雲と季節の間に関係性があるとはいえないんです。イギリスでは冬に雲がたくさんできるんですよ。

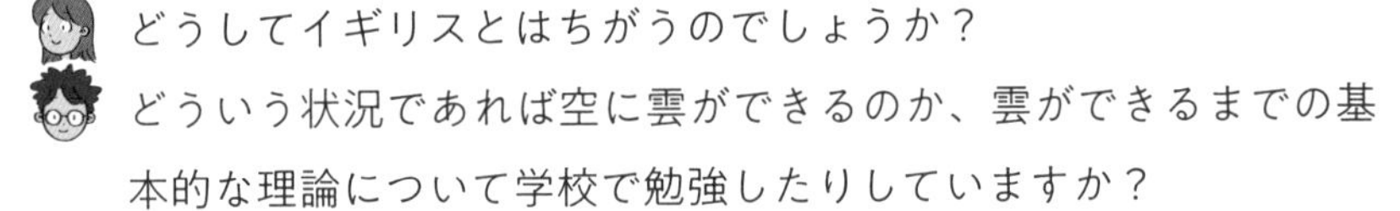
どうしてイギリスとはちがうのでしょうか？

どういう状況であれば空に雲ができるのか、雲ができるまでの基本的な理論について学校で勉強したりしていますか？

水が蒸発して雲ができるって習いました。

蒸発しても、いつも雲ができるわけではないんですよ。空気の中に漂っているすごく小さな水滴があるのですが、それが集まることを**凝結** (Congelation) といいます。凝結が起きると水滴が大きくなって、雲ができます。

水滴はどうして仲良し同士なの？

それにしても、水滴同士がなぜくっつこうとするのか考えてみたことはありますか？　これもおもしろい話なんですが、水がどんな原子でできているのか学校で習ったかな？

H_2O です。

水素２つと酸素１つです。

図のように原子がお互いにくっついている状態を水分子といいます。水素と酸素がくっついていると、分子全体としては中性でも、水素がある方は＋が強く、酸素がある方は－が強いんです。これを**水分子の分極**（Polarization）といいます。

この分極によって、分子がくっついてかたまりをつくる傾向が生まれます。でも、温度が高くなると分子はとても速く動くのでくっつこうとする性質を失い、離れてしまいます。温度が低いとまた凝結が始まります。だから、湿度が高い日に急に温度が下がると、雲がたくさんできるんですよ。

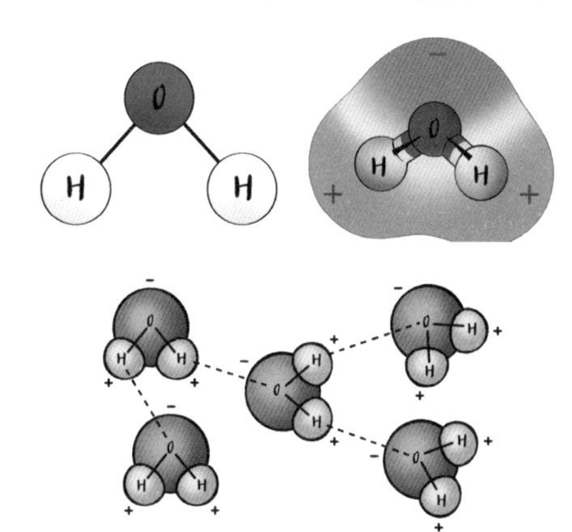

風も僕たちみたいに疲れちゃうんだ

ある山の隣に湖があるんですが、その上で風が吹いているとしましょう。風が湖の上を通ると、湿気をたくさん吸いますよね。それから、その風が山にぶつかります。さて、何が起きるでしょうか？

風が山の上に登っていきます。

そうすると、温度が低くなるでしょうか？ 高くなるでしょうか？ そうなる理由は何だと思いますか？

温度は低くなります。理由は……あれっ、たしかに習ったはずなのに。

分子の観点で温度が上がるというのは、つまり活動量が多いことを意味します。速く動くということですね。逆に山の上に行くほど、分子の動きは鈍くなっていきます。高い山の上に行くと、みなさんの体にはどんな変化が起きますか？

耳がぽわぁっとします。

息もしづらくなりますね。

僕たちが山を走って登ったところを想像してみましょう。クタクタになって、活動量が減りますよね？　分子も似たような感じなんです。山の上に登っていくためにエネルギーをたくさん使うので、動きが遅くなります。僕たち人間と同じ理由だといえるかもしれません。疲れちゃうからね！

あっ、それで雲ができるんですか？

そうです。湿気を含んだ空気が山を登っていって疲れると、分子の動きも遅くなって水分子たちがまとまりはじめます。雲ができやすい環境というわけですね。そして、雨が降ると水は再び湖へと流れていきます。

魚が水の中で息するだなんて！

分子の話をしていて思い出したのですが、みなさんくらいの歳だったころに僕はこんなことが気になっていました。魚はどうして水の中で息ができるんだろう？ どうやって水の中で酸素を取り込むんだろう？

エラで酸素を取り込みますよね。

そうですね。でも僕はそれを知ってからも、ずっと不思議に思っ

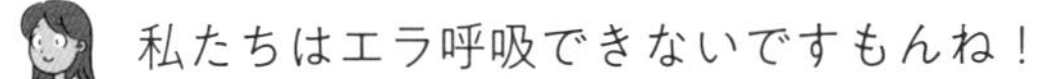

ていたんです。

私たちはエラ呼吸できないですもんね！

ええ。でも、よくよく考えてみたら、水も空気も同じことだったんです。空気は何でできていましたっけ？

O_2 です。

酸素の分子は酸素の原子が２つくっついてできています。この酸素の分子がいろいろなところに存在して、お魚もこれを取り込んでいます。でも空気はどうでしょうか？　酸素の分子が空気中にどうやって分布しているでしょうか？　空気の中には酸素だけありますか？

いえ、二酸化炭素（CO_2）も一緒です。

窒素（N_2）もあります。

そうです。空気中の78%が窒素で、21%が酸素です。その中で酸素だけを取り出すと思ったら、人間もお魚もそんなにちがいはなさそうですよね？

お魚さんも、同じくらいたいへんそうです。

ただ、水の中は空気中よりも酸素が少ないので、もっと効率的に取り出さないといけません。僕も具体的なメカニズムはわかりませんが、基本的なところの原理は同じはずです。空気中で息をするのも、水の中で息をするのも、いろいろな分子が混ざっている状態から酸素だけを取り出すという点では共通していますからね。

雲の話から始まって、いつのまにかお魚の話にたどり着きましたね。フフフッ。

原子と分子のような物質の基本的な構成についての話は、世界のあらゆるものをつなぐ力があるのかもしれませんね。

授業後

横に立たないでってば!

撮りますよ。1、2の3!

パシャッ!
数学難問研究センター

数学難問研究センター
先生、お気をつけて～
また次回!

4回目の授業

挑戦！
最強の暗号づくり

公開鍵暗号と剰余演算

「ミーン、ミンミンミーン」

まだまだ窓の外ではセミの鳴き声が響き渡る中、ときどき涼しい風が吹くようになってきた。いつのまにか、夏休みは終わりに近づいていて、キム・ミニョン教授もイギリスに向けて出発していった。「このまま東大門数学クラブは解散なの？」と思った方、ご心配なく！　今日からはオンラインで韓国とイギリスをつなぐ「東大門数学クラブ・シーズン2」の始まりだ。それぞれの家から授業を聞けるのは楽だけれど 、画面に映る自分の姿には当分慣れそうもない。ジュアンはフィルターで顔を隠してる！　みんな同じような気持ちみたいだ。オンライン授業でも、みんな集中できるだろうか？　離れていても上手くやれるだろうか？

ミニョン

今日からは黒板のかわりにタブレットの画面を共有しながら授業を進めますね。（ガリガリ）

ボラム

先生、なんだかへんな音がします！　接続が悪いのかな？

ミニョン

ああ、うちのネコがドアを開けてくれってアピールしていました。この子は「スター」っていいます。クリスマスの日に、道端で出会ったんですよ。クリスマスツリーの星が思い浮かんだので、スターという名前をつけました。

アイン

スター、こんにちは！　黒猫ですね？　私もネコが好きなんですけど、飼えないのでインターネットでかわいいネコの写真を集めてて……。気持ちだけはずっとネコ派です。

ジュアン

すごくかわいいですね！　僕は犬を飼っています。うちの犬の名前は「チュア」っていうんですよ。

ミニョン

スターは昼間、僕の書斎で寝てることが多くてね。今日の授業はスターと一緒に始めましょうか？

あなたの心を読む 数字のマジック

今日は簡単なマジックから授業を始めます。アインとジュアン、どっちかやってみたい？
「僕！ 僕がやります！」
じゃあ、ジュアンにお願いしましょうか。
「私は見学しよっと。フフフッ」
そうですか。なら、逆にアインにお願いしましょうかね。見学しようとした人が参加して、参加しようと思った人が見学です。ハハハッ。
「そうなると思った！」
「知らなかったくせに」
アインの近くに紙はありますか？
「はい、ノートがあります」
そのノートに、**2から9までの数を使って、10ケタの数を書いてください**。
「2、3、6みたいな感じですか？」
2、3、4、5、6、7、8、9の中から10個書くので、同じ数を複数回使ってもいいですよ。1ケタの数を10個書いて**10ケタ**にするんです。たとえば、5ケタの数なら「23557」みたいに書いたらいいですよね？ 同じように10ケタの数を書いてみてください。

「書けました！」

そうしたら、その10ケタのそれぞれの数を全部掛け算してください。たとえば、「234」という3ケタの数字なら2×3×4=24というようにです。ケタ数が大きくて暗算は難しいと思うので、電卓や計算アプリの力を借りてください。アイン、10ケタ分の掛け算はできましたか？

「はい、できました」

とても大きな数になりましたよね？ 次はその数のうち、どれか1ケタを選んで、その上に丸を書いてください。その丸をつけた数字以外の残りの数字だけ、ゆっくり読み上げてくれますか？

「残りの数字だけですか？ 何ケタかも言いますか？」

数字だけを読み上げてください。順番通りでなくてもいいですよ。

2012082

掛け算の答えから丸をつけた数字1つだけを除いて、残りだけを読み上げましたね？

「はい」

では、丸をつけた数字が何だったのか、当ててみせましょう。うーむ、どれどれ……もしかして3ですか？

「あっ！ 3で合ってます！」

ばっちり的中させることができましたね。

「わざと順番をまぜこぜにして読んだのに、どうしてわかったんですか？ もしかして、紙の裏に数字が透けてました？」

いいえ、見えなかったですよ。これこそが、数字のマジックです。ハッハッハッ。

ここからは、マジックの種明かしをしましょう。実は、このマジックはとても簡単です。アインが最初に書いた数字を読み上げてくれますか？

「最初に書いた10ケタの数字は、7289734568でした」

10個の数全部をかけて、7×2×8×9×7×3×4×5×6×8と計算しましたよね。答えはいくつになりましたか？

「20321280です」

数字のマジックのポイントは、この答えが9の倍数になるという点です。アインが書いた10ケタのうち、9が1つありますよね。なので、すべての数字をかけたとき9の倍数にならないということはありえません。最初に思いついた数の中に9が入っていますからね。

ところで、**9の倍数には特別な性質があるんです**。知っている人はいるかな？

「うーん、私はわからないけど……ジュアンなら知ってるかも？」

「ううん、僕にもわからないです」

じゃあ、一緒に見てみましょうか？ 答えの数20321280の1ケタ1ケタを全部足してみます。

2+0+3+2+1+2+8+0=?

これを足すといくつになりますか？

「18です」

はい、そのとおりです。18は9で割り切れる、9の倍数ですね。9の倍数の1ケタ1ケタを全部足すと、答えは9の倍数になります。これが9の倍数が持っている特別な性質です。

9の倍数のすべてのケタを足すと、答えも9の倍数になる

別の数も見てみましょうか？ 9の倍数は、9, 18, 27, 36, 45, 54, 63, 72, 81, 90, 99, 108, 117……と続いていきます。9の倍数の1ケタ1ケタを足すと、次のような答えが出てきます。

9: 9
18: 1+8=9
27: 2+7=9
36: 3+6=9
45: 4+5=9
54: 5+4=9
63: 6+3=9
72: 7+2=9

ケタ数が少ないので、ここまではみんな答えが9と出てきましたが、たとえば189のような場合には、1+8+9=18なので9ではない9の倍数になります。このように9の倍数のそれぞれのケタの数を足すと、9の倍数になるということがわかりました。

さあ、では僕はどうやって数字の3を当てたのでしょうか？ ヒントは、今知った9の倍数の特別な性質にあります。9の倍数のすべてのケタを足したとき、答えは必ず9の倍数になるともう知っていますよね？ そうしたら、アインが最初に僕に読み上げてくれた数字を思い出してください。それぞれのケタを足してみましょうか？

「2+0+1+2+0+8+2=15です。15は9の倍数じゃないですね。」

「15に3を足すと9の倍数の18になるから、抜けてる数字は3な

んだ！」

　教えなくても答えがわかったみたいですね。マジックのタネがバレちゃいました。ハハハッ。では、アインがノートに書いた内容を確認してみましょうか？

- **はじめに書いた数字10個：7289734568**
- **数字10個をかけた数：20③21280**
- **明かした数字：2012082**

「先生、でも最初に選んだ数字10個の中に9が入ってなかったら、どうするんですか？」

「たしかに。222246みたいに9が1つもないときはマジックが使えないですよね」

　その可能性はたしかにあります。でも、だれかに数字を10個適当に選んでもらったときに、それぞれのケタをかけた数が9の倍数ではないケースは、かなり珍しいんです。

235764

　この数字の中に9はありませんが、全部かけたら9の倍数になります。なぜでしょうか？

「3が1つあって、6=2×3だから、かけあわせたら3×6＝18になって9の倍数になります」

　そうです。なので、数字を10個選んで全部をかけあわせたときに9の倍数になる可能性は非常に高いのです。だから、このマジックは失敗するかもしれないけれど、その可能性はかなり低いというわけです。

9の倍数の性質についてもう少し見てみましょう。

3854×9=34686 → 3+4+6+8+6=27

45896×9=413064 → 4+1+3+0+6+4=18

879514×9=7915626 → 7+9+1+5+6+2+6=36

かなり大きな数でしたが、全部9の倍数になりましたね？

「はい！」

「先生、9の倍数だけにある性質なんでしょうか？ 4の倍数とか、5の倍数では無理そうな気がして」

32×4=128 → 1+2+8=11

32×5=160 → 1+6+0=7

試しに4の倍数と5の倍数を1つずつチェックしてみましたが、たしかにそうですね。この性質は9の倍数だけにあります。どうしてでしょうか？ これは、みなさんが自分で考えてみるのにピッタリな問題です。まずヒントを1つあげましょう。ある数、たとえば「3457」と書くと、この数字は1000が3つ、100が4つ、10が5つ、1が7つ集まっているという意味ですよね。このことは次のように書き表すこともできます。

3457=3×1000+4×100+5×10+7×1

このような表し方ができるようになるまでには、長い歴史がありました。同じ3でも1の位にあるときと1000の位にあるときでは意味が異なります。それぞれのケタを足し合わせると3+4+5+7ですが、元の数とのどれぐらいの差があるか、今度は引き算をしてみます。

$$
\begin{aligned}
&3457-(3+4+5+7)\\
&=3\times1000+4\times100+5\times10+7\times1-(3+4+5+7)\\
&=3\times(1000-1)+4\times(100-1)+5\times(10-1)+7\times(1-1)\\
&=3\times999+4\times99+5\times9
\end{aligned}
$$

式を整理すると、このようになります。

「あっ！９がいっぱいできました！」

さらに詳しい説明は省くことにします。退屈かもしれないのでね。どんな数でも、このような現象が確認できます。もう１つだけ見てみましょう。

$$
\begin{aligned}
&74678-(7+4+6+7+8)\\
&=7\times10000+4\times1000+6\times100+7\\
&\quad\times10+8\times1-(7+4+6+7+8)\\
&=7\times(10000-1)+4\times(1000-1)+6\\
&\quad\times(100-1)+7\times(10-1)+8\times(1-1)\\
&=7\times9999+4\times999+6\times99+7\times9
\end{aligned}
$$

このように、元々の数からそれぞれのケタを足した数を引くと、いつも９の倍数になります。このことは、次のようにもまとめることができます。

任意の自然数 n
そして n のそれぞれのケタを足してつくった数 m は
9で割ったとき、あまりはいつも同じになる

たとえば、74678を9で割ると、商は8297、あまりは5です。7+4+6+7+8=32を9で割ると、商は3、あまりは5です。商はちがいますが、あまりは同じであることがわかりますね。

なぜ9の倍数だけ、このような性質を持っているのでしょうか？その理由を一言で説明するならば、僕たちが数を書き表すときに10進法を使っているからです。より具体的な説明はややこしくなるので、この話はここまでにしておきましょう。

私たちのくらしを支える10進法の世界

人類の歴史上、数を表す方法は絶え間なく変化してきました。古代バビロニアでは楔形文字を使い、古代エジプトでは象形文字で数を表していました。

今日、僕たちが使っている10進法は、古代インドで始まったといわれています。古代インドのシステムがアラビアを経由し、13世紀初頭の数学者レオナルド・フィボナッチ（Leonardo Fibonacci）によってヨーロッパに伝わったあと、全世界に広がりました。10進法のシンプルでわかりやすいシステムは、数学の発展のみならず「数」という難しい概念が現代のように身近なものになるために重要な役割を果たしました。

数を表す一番シンプルな方法は何でしょうか？ それは棒線を並べるやり方です。古代の人たちは、「1、2、3、4、5……」という数を以下

4622

古代バビロニアの楔形文字（左）と古代エジプトの象形文字（右）

のように表していました。

|, | |, | | |, | | | |, | | | | |…

棒と10進法でそれぞれ100を表したときを比べると、10進法が効率的であることがわかります。

100

どちらの方がわかりやすいでしょうか？ 棒は100本も必要だし、いちいち数えるのもたいへんな一方で、10進法はたったの3文字だけで、一目でわかります。10進法は0から9までを知っている必要があるという前提条件がありますが、かわりに大きな数を効率的に表すことができるのです。とくに、足し算、引き算、掛け算のような基本的な計算をするときに、その効率のよさが実感できます。

東大門銀行にようこそ

倍数、約数、あまりの概念について、前にちょっと復習しましたね。今回の授業ではその概念をもとに**剰余演算**について勉強します。そして、剰余演算を使って暗号をつくる方法も学んでいきますよ。ここでの**暗号**は、さまざまな暗号の中でもスマートフォンやパソコンで使われている暗号のことを指します。そういった電子機器は、他の人が情報を横取りしても具体的な内容がわからないように暗号化した情報を送っています。

通信技術が広く使われていて、インターネット上での取引も活発な今のような時代、暗号化はとても重要です。インターネットでありとあらゆるサイトに接続して、手軽にやりとりができて便利な分、信号を送ったり受け取ったりする途中でだれかが僕たちの情報を盗み見できてしまうリスクも増えましたからね。では、インターネット上ではどういう情報を暗号化して送った方がいいでしょうか？

「個人情報とか」

「マイナンバー！」

そうですね。それと、銀行の口座番号とか暗証番号も暗号化して送らないといけないですよね。ウェブサイトに接続したときにアドレスを見ると、URLが「https」から始まっていることがあります。このようなウェブサイトは暗号化された情報を使っています。僕たちが送る情報も暗号化されるし、サイト側から僕たちに送られてくる情報も暗号化されて、お互いに暗号だけを通じてやりとりをしているんです。そういうウェブサイトでは、僕たちがパスワードを入力しても情報が暗号化されるので、途中で横取りした人がいても、その人はどういう内容なのかは知ることができません。

たとえば、ジュアンが「東大門銀行」というサイトに接続して、取引をすると仮定しましょう。この銀行ではジュアンに暗号化する方法を教えてくれるらしいのです。「こんなふうに暗号化してくださいね」ってね。これは銀行だけでなく、ショッピングサイトのような商取引をするサイトでも同じです。僕たちは教えられた方法にのっとって暗号化された情報を送るのですが、ここである別の大きな問題が発生します。どんな問題だと思いますか？

「暗号をつくる方法もインターネットでやりとりするんですよね？」

そうですね。インターネットに接続して、その場ですぐ商取引をしたいことがほとんどですからね。

「そうすると、だれかが途中で暗号化の方法を盗むこともできるじゃないですか」

そこが問題なのです。だれかが東大門銀行が暗号化している方法を知ってしまったら、ジュアンが銀行に送った信号（パスワード）を盗み見して、パスワードがばれてしまうかもしれません。

「銀行が決めた方法じゃなくて、自分で暗号を考えたらどうでしょうか？」

そうしたとしても、今度はジュアンが銀行に暗号化の方法を教えないといけないですよね？ そのとき、また同じ問題が発生してしまいます。このような問題があるので、**暗号化する方法を知っていたとし**

ても解くのがたいへんな難しい暗号が必要なんです。

「うわぁ、そんな暗号があるんですか？ すごく気になります！」

「でも、そんなに難しい暗号、銀行も解けないんじゃないですか？銀行ではどうやって解読してパスワードを確認しているんでしょうか？」

いい質問ですね！ 銀行は、暗号をつくるときの暗号化の方法以外にも、もう1つ情報を持っているのですが、それがポイントなのです。最初は、だれでもわかるように暗号化の方法を公開するところから始めます。銀行からジュアンに「こんな感じで暗号化してくださいね」と教える暗号化の方法のことを、**公開鍵**といいます。このとき、秘密鍵という秘密の情報を銀行だけが持っています。公開鍵でつくった暗号に秘密鍵を使うと、どんなに長くて複雑な暗号でも簡単に解読できますが、秘密鍵を知らないと暗号化の方法がわかっていたとしても解読は難しくなります。

こういった暗号化のプロセスはウェブサイトが自動で行っています。たとえば、ジュアンがブラウザ上で東大門銀行のシステムから公開鍵を受け取って、暗号をつくったとします。暗号化された情報は再び銀行へと送られますが、銀行のコンピューターシステムが秘密鍵を使って暗号を解読します。

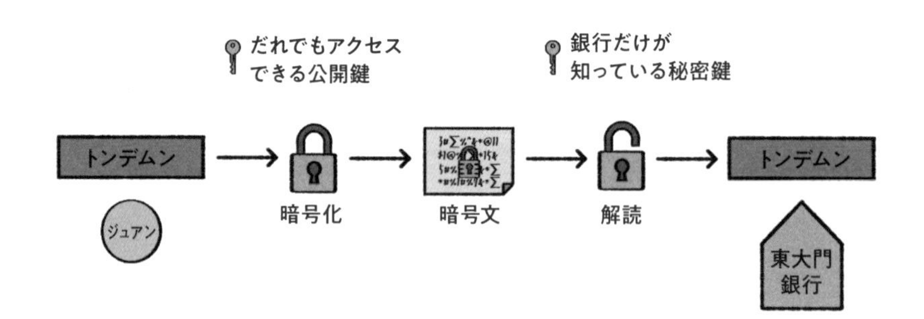

「個人情報が流出しちゃったっていうニュースがたまに流れていませんか？ そういう場合はハッカーが公開鍵と秘密鍵の両方を把握したってことですか？」

おもしろい質問ですね！ たとえば、東大門銀行がお客さんのパスワードをどこかに保存していたとします。銀行もお客さんが正しいパスワードを入力しているか、チェックしないといけませんからね。たいてい、情報が流出するときは、そういう保存された情報をだれかが盗み見てしまったというケースが多いです。

こういう場合はハッシュ関数（Hash Function）を使うと、情報を安全に守ることができます。関数を使って、情報をかなり複雑な形に変えて保存するんです。そうすると、保存されている情報をだれかが見ても、パスワードが何なのか解読するのは難しくなります。ちゃんとした機関であれば、パスワードをそのままの状態で保存したりはしないはずです。暗号の処理をきちんと行わずに情報をそのまま保存しているとき、個人情報流出のリスクが高くなります。ハッシュ関数については、またあとで詳しく勉強します。

暗号化トレーニング①すべてのメッセージを数字に

公開鍵暗号は、剰余演算（Modular Arithmetic）という数学を活用してつくられます。剰余演算を使うには、やりとりする情報を全部数字に変えなくてはいけません。パスワードにはすでに数字が含まれているかもしれませんが、文字の情報があるなら数字に変えなくてはいけないですよね。1つ例をあげましょう。この数字は何という単語でしょうか？

3, 1, 20

「……」
「数字だけ見て単語を当てるんですか？ 全然わかりそうにないなぁ」
　じゃあ、ヒントをあげましょう。これは、ある英単語です。
「アルファベットの順番かな？」
「同じこと考えてた！」
「C、A、T、ネコです！」
　そう、ネコです。こういう暗号なら、簡単に解読できますね？
「はい！」
　だから、こういったものは暗号とはまだ呼べません。ただ単純に文字を数字に変えただけです。やり方を秘密にしておく必要もありません。このあと、また別の暗号化が加えられるのでね。もちろん、注意すべき点もあります。さっきの「3, 1, 20」には、間にカンマがありますね？ カンマも数字ではないので、次のように変えなくてはいけません。

3120

でも、こう書いてしまうと、「3, 1, 20」なのか「3, 1, 2, 0」なのかは不明確ですよね？ だから、メッセージを正確に伝えるために補完してあげることが必要です。さまざまな方法がありますが、僕はこんな感じで補ってみました。

30010020

ここでの「0 0」は、スペースを開けて読んでね、という意味です。そうすれば、この暗号は「3, 1, 20」と伝わりますね。

2000150016

この暗号の意味はわかるかな？
「20、15、16だから……T、O、P……あっ！ TOPだ！」
そのとおりです。文字の情報を数に変えることができました。ゆっくり進めれば、難しくないですよね？ ここからは、剰余演算についてもう少し詳しく見ていきます。

暗号化トレーニング② 剰余演算

仮に、あらゆるタイプのメッセージを数に変える方法を知っているとしましょう。ここからは、**数字でできたメッセージを暗号化する方法**を見ていきます。根底にあるアイデアは、**剰余演算を通して別の数に変えるというものです**。剰余演算では、ある数Nで割った「あまり」が重要なのですが、このときのNをモジュラス(Modulus)といいます。

数 ——剰余演算——▶ **別の数**

N=10と仮定しましょう。36を10で割ると、あまりは6になりますが、これを次のように表すことができます。

$$36 = 6 \bmod 10$$ ★2

慣れるために、もう少し練習してみましょう。

★2　一般的には等号＝ではなく、≡を使って36≡6 mod 10などと書きますが、原書にしたがって記述しています。

$$35 = 5 \bmod 10$$

$$25 = 5 \bmod 10$$

$$7 \times 6 = 2 \bmod 10$$

ここでの「mod 10」は何かというと、「10で割ったあとのあまり」と言いかえられるでしょう。35と25のmod 10は、5で同じです。そして、7×6=42なので、7×6のmod 10は2になりますね。

今度は、もう少しだけ難しい数で練習してみましょう。足し算、引き算、掛け算の剰余演算はすぐに慣れると思います。それに慣れたら、「割り算の剰余演算」もできるようになります。$\frac{1}{7}$ mod 10を計算してみましょうか？

「うーん……」

ハハッ！ いきなり難しくしすぎたかな？ じゃあ、先に答えを教えるので、どうしてその答えになったかを考えてみてください。

$\frac{1}{7}$ mod 10は3になります。ヒントは、$\frac{1}{7}$は7をかけると1になりますよね？ では、7とどんな数をかけたらmod 10をしたときにあまりが1になるでしょうか？

$$7 \times \square = 1 \bmod 10$$

「7×3=21だから、3です！」

そうです！ だから、$\frac{1}{7}$ mod 10は3になります。これは、剰余演算が持っている不思議な性質の1つです。剰余演算は分数という形にこだわらなくてもよい場合が多いのです。分数が苦手な人にはラッキーかもしれませんね！ この原理を体系的に理解しようとがんばるよりも、たくさんの例を見ながらなぞなぞを解くみたいに慣れていくのがいいと思います。

「まだちょっとモヤモヤしています。もう1問だけ出してくれませんか、先生？」

そうしましょう。$\frac{1}{9}$ mod 10 はどうでしょうか？

「9です！ 9×9=81だから、10で割るとあまりが1になります」

$$9\times9=81=1 \bmod 10$$
$$\frac{1}{9}=9 \bmod 10$$

こんな感じに整理できそうですね。**$\frac{1}{a}$の剰余演算で出るあまりはaになるという不思議なことが起きるのです**。またまた手ごわい問題をやってみましょう。$\frac{1}{3}$ mod 7 は何になるでしょうか？

「3×5=15だから7で割るとあまりが1で、だから答えは5です！」

そのとおり。ここまで、**$\frac{1}{a}$の剰余演算**の練習をしてみました。でも、どんな数の剰余演算もできるとは限りません。たとえば、$\frac{1}{5}$ mod 10 はどんなにがんばっても求めることはできません。5×1＝5 mod 10、5×2＝0 mod 10、5×3＝5 mod 10、5×4＝0 mod 10、5×5＝5 mod 10……というように、5の倍数はどれだけ計算してもあまりは0か5にしかなりません。なので、$\frac{1}{5}$ mod 10 は求められないのです。同じ理由で、$\frac{1}{2}$ mod 10 も計算することができません。では、**$\frac{1}{a}$の剰余演算が可能であるためには、aはどうでなければいけないでしょうか？**

「あれ何だっけ……？ 2×5=10だから2と5を10の何っていうんだっけ？」

「あっ、約数！ 約数のときは不可能なんだ！」

そう、aがモジュラスNの約数ならば、$\frac{1}{a}$の剰余演算はできません。aが約数の倍数であるときも同じくできません。

もう少し説明を続けます。たとえば、$\frac{1}{4} \bmod 10$も求めることはできません。4は10の約数ではありませんが、2の倍数ですから剰余演算ができないのです。なので、この条件を整理するためにちょっぴり難しい言葉を使うと、**aと10は互いに素でなくてはならない**と表現できます。「互いに素」という言葉を習ったことはありますか？

「1以外に公約数がないっていう意味です」

そうですね。互いに素という言葉を使って、条件を次のように整理することができます。

$\frac{1}{a} \bmod N$が可能であるためには
aとNは互いに素でなくてはならない。

僕たちだけの秘密の暗号、公開鍵暗号

$\frac{1}{987}$ mod 38718748276という計算をしてみましょう。数字が複雑だからビックリしたでしょう？ でも、心配しないでください。**モジュロ（剰余演算）計算機**がここにあるのでね。計算機に数字を入力してみたところ、35855051595という結果があっという間に出ました。

Modulo calculator

Expression
1/987

Modulus
38718748276

Result
35855051595

モジュロ計算機を使うと、こんなに大きくてややこしい数字でも、あっという間に計算することができます。インターネットで「Modular Arithmetic Calculator」と検索してみれば、ウェブサイトがすぐに見つかりますから、みなさんもいろんな数を入れて練習してみてください★3。

さて、そろそろ公開鍵暗号の話に戻るとしましょう。**公開鍵暗号の**

★3　2023年10月現在、https://planetcalc.com/8326/でアクセスでき、このページで示したような画面に入れます。入力のさいに、3乗はPCなどのキーボード上の記号で ^3 と入力します。たとえば 30010020 の3乗は 30010020^3です。さらに分数はたとえば$\frac{1}{3}$であれば1/3と入力します。

考え方は、このような大きなモジュラスで剰余演算をして、暗号を複雑にするというものです。でも、ただ割り算をするだけでは暗号を簡単に解かれてしまうので、おおもとの数も複雑にしておかなくてはいけません。そこでポイントなのが、**累乗**の概念です。
「累乗って、$3^2=9$、$3^3=27$、$3^4=81$ みたいなやつですか？」
はい。今回の授業では、次のような形で累乗の剰余演算をします。

$$3^2=9 \bmod 10,\ 3^3=7 \bmod 10,\ 3^4=1 \bmod 10$$

「っていうことは、累乗もモジュラスで割ったあまりだけを出すってことですね？」
しっかり理解できていますね。例と一緒に説明してみましょう。前に出てきたネコ(CAT)の暗号はどんな見た目でしたっけ？
「30010020でした」
この数をそのままにするのではなく、3乗して剰余演算をしてみます。モジュラスをかなり大きな数である319879487にして、計算機で確かめてみましょう。

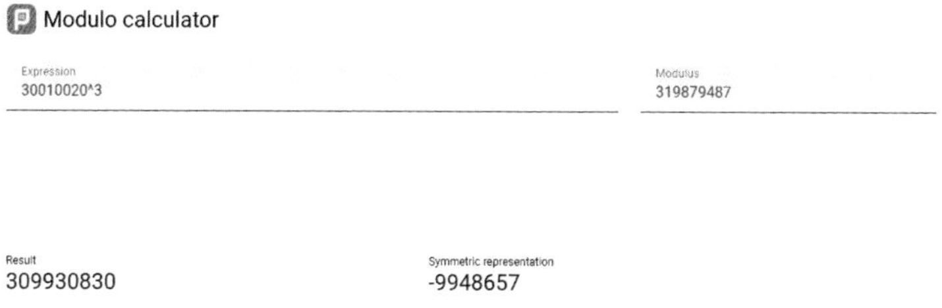

Modulo calculator

Expression
30010020^3

Modulus
319879487

Result
309930830

Symmetric representation
-9948657

その結果、309930830という剰余演算の結果が出てきました。銀行は、この結果を送信します。元々の暗号の30010020ではなくてね。このとき、銀行はモジュラスの値と指数[★4]だけを僕に伝えれば問題ありません。それぞれの銀行が、モジュラスの値と指数を独自に決めます。これが、公開鍵暗号の基本的な仕組みです。

モジュラス319879487を使った累乗の剰余演算を、もっと練習してみましょう。みなさんもモジュロ計算機を使って、自分で確かめてみると何倍も楽しく勉強できますよ。

23988724

1123478

56378

これらの数字の累乗を、モジュラス319879487で剰余演算したとき、次のような結果が出てきます。

$$23988724^3 = 298072857 \mod 319879487$$

$$1123478^3 = 30216111 \mod 319879487$$

$$56378^4 = 64594044 \mod 319879487$$

剰余演算をしたことで、最初とはかなり異なる数になりましたね？ここまでの内容を簡単に整理してみましょう。**銀行の公開鍵は、モジュラスNと指数kです。このとき、aというパスワードを銀行に送るためには、aの値自体ではなく、$a^k \bmod N$で暗号化した結果の値を送ります**。こうすれば、もっと安心して使える暗号がつくれそうですよね？

★4 剰余演算のさいに何乗したかの数を指数と呼びます。この場合でいうと3乗しているので、3が指数となります。

世界で自分だけが解ける暗号

ここまで、累乗の剰余演算をやってみました。これをベースにした数字のなぞなぞを1問やってみましょうか？ 次の式から、xの値を求めてください。

$$x^5=4 \bmod 9$$

（しばらくあと……）
「わかった！ とにかくいろんな数字を入れてみたんですが、7を入れたときに4が出てきました！」
　すばらしいですね。計算式を改めて書くと次のようになります。

$$7^5=4 \bmod 9$$

もうちょっと練習を続けましょう。次のxを見つけてください。

$$x^3=4 \bmod 11$$
$$x^7=3 \bmod 11$$
$$x^9=3 \bmod 11$$

「最初の式は、$5^3=4 \bmod 11$ だから、$x=5$ が出てきます」

「2個目の式は $5^7=3 \bmod 11$ だから、$x=5$ です。$5^7=78125$ を11で割るとあまりは3になります」

「最後の式は、私が解いてみます！ $x=4$ です。$4^9=3 \bmod 11$ だからです」

みなさん、よくできました！ もうすっかり、累乗の剰余演算に慣れてきたみたいですね。

今からは、もう1ステップ先に進んでみようと思います。剰余演算の方程式を解く方法を練習してみますよ。$x^3=366205 \bmod 1364749$ という剰余演算があったとします。ここでの x は、どうやったらわかるでしょうか？

「今度も計算機を使えばいいんじゃないですか？」

どうでしょうか？ さっきみたいにモジュロ計算機を使って、同じように計算してみてください。

（しばらくあと……）

「先生、答えが出せません」

「おかしいなぁ。計算機に数を入れていくら試しても、ぜんぜん答えが合いません」

実は、みなさんが計算機で答えを出せないのは当然なんです。モジュロ計算機を使うにはモジュラスが大きすぎますからね。大きなモジュラスが与えられると、累乗の剰余演算の方程式を解くのが非常に難しくなります。ほかに何も情報がない限り、可能性のあるすべてのパターンを1つ1つテストしてみる以外に方法がないからです。この問題の場合だと、130万回以上計算機をまわさないといけないというわけです。これを僕たちみたいな普通の人がやるのは、なかなか難しいでしょう。

剰余演算自体には、とても簡単な一面もあります。あまりのことだけを考えればいいですからね。たとえば、627×326 mod 10の答えは何でしょうか？

「2です！」

そう。すぐにわかりますよね。

$$627=7 \bmod 10$$

$$326=6 \bmod 10$$

627と326をそれぞれ剰余演算すると、このような結果になって、7×6=42だから10で割ると2があまりますね。このように、一般的な剰余演算は大きな数であっても計算が簡単な場合もあります。

でも、さっきの問題のように3乗の値が与えられたとき、元々の数にたどり着くのはかなり難しいです。たとえば、$546498298^3 \bmod 1364749$をモジュロ計算機で計算すると、753589と出てきます。剰余演算の結果は6ケタで、7ケタのモジュラスよりも1ケタ少なくなりました。剰余演算ではこのように、モジュラスよりも小さい数があまりとして出されます。そのため、剰余演算をすると情報が減っていくような印象を受けます。あまりだけを扱いますからね。**これが理由となって、剰余演算の結果から元々の数にたどり着くことは難しくなり、公開鍵暗号の仕組みはこれを利用しています。だから、モジュラスNを大きな数にして、$a^k \bmod N$の暗号化をすると、結果の数字を知られても元々のaを知ることはできなくなるのです。**

では、銀行では元々の暗号にどうやってたどり着くのでしょうか？銀行はお客さんが入力した暗号が元々の暗号と同じかを確かめないといけないですよね。今から、その方法をお見せします。

それぞれ、暗証番号を1つずつ思い浮かべてください。そのあと、その暗証番号で次のような条件の剰余演算を行って、暗号をつくってみてください。

6ケタ以下の数（100万未満の自然数）＝ a

モジュラス N=1364749

指数 k=3

暗号化された暗証番号 $b = a^k \bmod N$

みなさん、暗号はできましたか？ それでは、1人ずつ暗号の値を教えてください。僕が銀行です。みなさんは暗号化された暗証番号を「ミニョン銀行」に送信しましょう。

- **ジュアンの暗号：615091**
- **ボラムの暗号：840562**
- **アインの暗号：232793**

さて、じゃあ僕は暗号化された情報を解読して、元々の暗証番号を探し当てます。

僕が導き出した暗証番号は、次のような数字です。合っているかな？

- **ジュアンの暗証番号：653265**
- **ボラムの暗証番号：940912**
- **アインの暗証番号：91107**

「わぁ！ 合ってます！」

「さすが先生！」

ハッハッハッ。全部的中ですね。モジュラスと指数がわかっていたとしても（公開鍵）、暗号化されたメッセージから元々の数を探し当てるのは、とても難しいことです。でも、僕は銀行なので、秘密の情報をもう１つ持っていて、それのおかげで暗号を解くことができました。

「その秘密が何かすごく気になります。教えてください！」

秘密の情報とはモジュラス1364749です。1364749を素因数分解する方法を僕は知っています。1364749は、1301と1049という2つの素数の積です。これを知っていれば、暗号を解くのが簡単になるんですよ。

「どうしてですか？」

その理由は……。

「でも先生、ハッカーも素因数分解できちゃったら暗号を解けますよね？」

おっと、質問は１つずつお願いしますね。まずは、2つ目の質問から答えます。みなさんは素因数分解のことはよく知っていますか？

「ばっちりです！」

「イマイチかな……」

「素因数分解って何でしたっけ？ へへッ」

100を素因数分解するのは簡単ですよね？ でも、6643を素因数分解するのはどうでしょうか？

「うひゃあ！ さっきばっちりって言ったこと、取り消します」

そうですよね。たった4ケタでも素因数分解は難しくなります。ましてや、200ケタの数にもなれば、どんなに性能が優れたコンピューターでも素因数分解をするのはなかなかたいへんです。おそらく、今から始めても数千年後にならないと、計算が終わらないでしょう。

「でも、先生はどうして1364749の素因数分解ができたんですか？」

はじめから、素数の1301と1049をかけてモジュラスをつくったからです。だから、当然素因数分解の答えもわかっていたというわけです。

「あぁっ！ それって反則じゃないですか？」

ハハハッ。実は銀行もこんな感じの方法で暗号をつくっています。銀行では2つのとても大きな素数 p、q をかけてモジュラス $N=pq$ をつくります。そして、適当な指数 k と一緒に公開鍵をつくるわけです。そうすると、ハッカーにモジュラス N と指数 k を知られたとしても、剰余演算の累乗の方程式を解かれてしまうことはないのです。暗号を盗み見たとしても、解読ができません。

「おお、そういうことなんですね！ それにしても、素因数分解ができると暗号が簡単にわかる理由は何なんでしょうか？」

「さっき説明するって言っていたやつです」

みんな、忘れずにちゃんと覚えていましたね。今度は答えからまず教えましょう。暗号を解くということは、$b=a^k \bmod N$ から、a を探す作業ですよね？ モジュラス N の素因数分解 $N=pq$ を知っていれば、次のような方法が使えます。

1. $m=(p-1)(q-1)$ を計算する。
2. $e=\dfrac{1}{k} \bmod m$ を計算する。
これのために、k と m は互いに素にならなければいけない。
3. $b^e \bmod N$ を計算する。

説明を聞くだけだと、なんだか難しそうですよね？ 具体的な例を使って、試してみましょう。さっき、暗号をつくるために使ったモジュラスは1364749でした。1364749=1301×1049なので、$m=1300\times1048=1362400$です。指数$k=3$なので、モジュロ計算機を使って$h=\frac{1}{3}$ mod 1362400を計算します。そのあと、b^{h} mod Nに3人の暗号bを当てはめればいいのですが、それを式にすると次のようになります。

1. $m=1300\times1048=1362400$
2. $e=\frac{1}{3}$ mod 1362400=908267
3. ジュアン：$615091^{908267}=653265$ mod 1364749
   ボラム：$840562^{908267}=940912$ mod 1364749
   アイン：$232793^{908267}=91107$ mod 1364749

僕は、このようにしてみなさんの暗証番号を探し当てました。このやり方の詳細な説明は、次回の授業で続きをやろうと思います。

ハッカーはどうして
パスワードがわかるの？

世界で一番難しい暗号が一番いい暗号かな？

銀行ではこんなふうに私たちの暗証番号を安全に管理していたんですね！ それでも個人情報を狙ったハッキング事件が起き続けるのは、どうしてなのでしょうか？

そうですよね。そういう事件は忘れたころにまた起きますよね。

暗号をもっと難しくしないといけないんじゃないでしょうか？

もっとベールに包まれた暗号をとにかくつくりたければ、今よりももっと複雑で難しい暗号をつくることはできます。でも僕たちの目的は解くのが難しい暗号をつくるのではなくて、たくさんの人が簡単に使えるけれども外部からは解くのが難しい暗号をつくることですよね。

簡単だけど難しい暗号か……聞いただけでややこしそうです。

現在広く使われている公開鍵の暗号化の方法は、「RSA 暗号」です。1977 年、ロナルド・リベスト（Ronald Rivest）、アディ・シャミア（Adi Shamir）、レオナルド・エーデルマン（Leonard Adleman）が共同で開発した暗号の仕組みなのですが、開発者の名前の頭文字を取って RSA 暗号と呼ばれています。

RSA 暗号！ 銀行のウェブサイトで見たことがある気がします。

RSA 暗号は元々公開鍵暗号が持っていた弱点を素因数分解を使うことで補いました。公開鍵暗号の完成度を高めようといろいろな努力がなされていますが、ハッキング事件は起こり続けています。これにはさまざまな理由がありますが、ウェブサイトに保存されている個人情報がそのまま流出するケースが多いと言われています。パスワードを暗号化せずにそのまま保存しているウェブサイトがいまだに多いということでしょう。

必ずしも解く必要がない暗号もあるよ

「パスワードをどうやって保存するのか？」というのもおもしろいトピックなので、このまま話を続けましょう。たとえば、銀行がお客さんの暗証番号をファイルで保存しているとしましょう。だれかがこのファイルを見てしまったら、秘密は全部流出してしまいます。なので、このファイルは暗号化して保存します。この暗号はとにかく難しくしてつくればオーケーです。

えっ？ さっきは難しすぎる暗号はダメだって言ってませんでしたっけ？

ハハハッ。そうです。今から説明するのは RSA 暗号ではなく「ハッシュ関数」でつくった暗号です。ハッシュ関数は、公開鍵暗号と似ていますが、解く必要がない暗号をつくってくれます。だから、とにかく難しくつくったらいいわけです。

解かなくてもいい暗号なんてあるんですか？

ええ。僕も具体的な方法は詳しく知らないので、簡単に説明だけしますね。今からハッシュ関数を f と呼ぶことにします。銀行はお客さんの暗証番号 a をハッシュ関数 $f(a)$ で暗号化して保存します。この f は２つの性質を持っている必要があります。**1つ目、f は一対一関数でなくてはいけません**。つまり、a と b が異なるなら、

$f(a)$ と $f(b)$ も異なるということです。**2つ目、a から $f(a)$ を計算するのは簡単ですが、$f(a)$ から a を逆に計算するのはとにかく難しくなくてはいけません。**

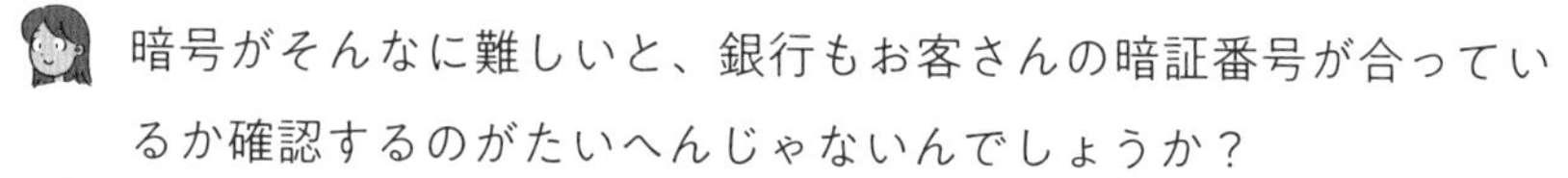
暗号がそんなに難しいと、銀行もお客さんの暗証番号が合っているか確認するのがたいへんじゃないんでしょうか？

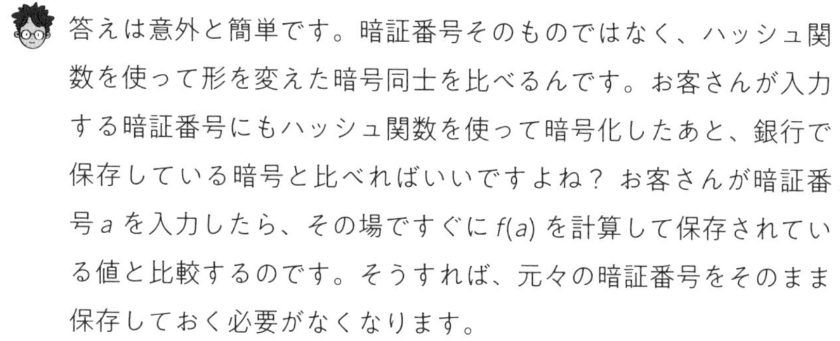
答えは意外と簡単です。暗証番号そのものではなく、ハッシュ関数を使って形を変えた暗号同士を比べるんです。お客さんが入力する暗証番号にもハッシュ関数を使って暗号化したあと、銀行で保存している暗号と比べればいいですよね？ お客さんが暗証番号 a を入力したら、その場ですぐに $f(a)$ を計算して保存されている値と比較するのです。そうすれば、元々の暗証番号をそのまま保存しておく必要がなくなります。

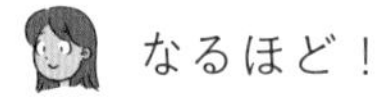
なるほど！

ハッシュ関数のあり・なしだけで防げる大惨事

だれかが銀行で保管している暗号ファイルを見つけてしまったら、どうしましょう？

そうやってハッキングされちゃうんですか？

そんなときでもまったく問題はありません。たとえば、僕の暗証番号が 1234 だったとします。ハッシュ関数を使ったかなり複雑な暗号化をして 9768 に変えたあと、情報を銀行に保存しておきます。僕が銀行にアクセスするため 1234 という暗証番号を入力すると、銀行のシステムは $f(1234)$ という関数を使って暗号化された暗証番号をつくります。そして、銀行は保存してあるファイルと比べるだけでいいはずです。ここまでは理解できていますか？

はい！

もしだれかが銀行で保管しているファイルを盗んで僕の口座にアクセスするために 9768 を入力したとします。そうすると、銀行のシステムは $f(9768)$ の関数を使って、$f(1234)$ とはまったく異なる番号をつくってしまいます。だから、銀行に保存されている暗号を知っていたとしても、僕の口座にアクセスすることは不可能です。

思ったよりも簡単な原理なんですね。

でも、ハッシュ関数をちゃんと使わずにパスワードをそのまま保存している会社がまだたくさんあるんです。

元々の 1234 の形のまま保存しているっていうことですよね？

はい。もしこの状態でファイルが流出してしまうと、パスワードがすぐにわかってしまいます。そのため、暗号ファイルを保存するときには必ずハッシュ関数を使うのが重要です。シンプルなアイデアではありますが、この差がセキュリティをぐんと高めてくれるんですよ。

授業後

Good Afternoon!
Hi, Min-Hyong!

もう週末が終わっちゃうなんて!!
明日もまた会社だ(泣)

どうやったらハッカーに破られない
最強の秘密鍵をつくれるかな?

犬もネコも大好き♡
STAR
ガルガル

5回目の授業

解いてみよう！
暗号解読大作戦

フェルマーの小定理、オイラーの定理、剰余演算2

今日は東大門（トンデムン）数学クラブが集まる最後の日。晩ごはんを食べ終わったら、時計はもう7時50分を指している。ばたばたとオンライン会議用のリンクに接続すると白いボタンの上に「しばらくお待ちください」というメッセージが出てきて、なんだかさみしい。オシャレなインテリアの会議室にしようかな？ ハワイっぽい海にしようかな？ わけもなく背景の画像だけ変えていたら8時になり、会いたかったみんなの顔がやっと映った。もう最後の授業だなんて。高等科学院に最初の授業を受けに行った日はすぐにでも逃げ出したい気持ちだったけど、こんなに授業が名残惜しくなるなんて……。

ミニョン

イギリスはちょっと肌寒くなってきました。韓国はどうですか？

ポラム

こっちはまだまだ暑いです。

ジュアン

先生、今日はアインさんが質問を考えてきたらしいです！

アイン

何の話？

ジュアン

前の授業が終わったあとに話して、質問すること書いておいたじゃん。

アイン

あぁ……質問をメモしたスマホを別の部屋に置いてきちゃいました。えへへっ。

ミニョン

思い出せないかな？ どんな質問だったのか気になるなぁ。さて、最後の授業を始めましょうか？

私のパスワードは剰余演算で鉄壁バリア！

みなさん、前回勉強した剰余演算をちゃんと覚えていますか？ちょっとだけ復習してみましょう。これはどういう意味でしたか？

$$a \bmod n$$

「a を n で割ったあまりです」

そうです。このあまりを r と呼ぶことにします。学校で習う書き方で表そうとすると等号を使って $a \bmod n = r$ と書けばいいような気がするかもしれませんが、剰余演算では答えを次のように書きましたね。

$$a = r \bmod n$$

たとえば、27 を 10 で割ったあまりが 7 だという答えを表すとき、27 mod 10=7 ではなく、27=7 mod 10 と書くわけです。

そして a と b を n でそれぞれ割ったあまりが等しければ $a \bmod n = b \bmod n$ と書きますが、もっと簡略にすると次のように表します。

$$a = b \bmod n$$

数字を使って説明すると、$117=27 \bmod 10$ だと言えます。117と27は10で割ったときのあまりが7で同じですからね。**$a=b \bmod n$ と書かれているとき、「a を n で割ったあまりが b」という意味のときもありますが、一般的には「a を n で割ったあまりと b を n で割ったあまりが等しい」という意味になります。**もちろん、$a \bmod n=b \bmod n$ と明確に区別して書く場合もあります。

$a \bmod n=b \bmod n$ ならば $a-b \bmod n$ の答えはどうなるでしょうか？たとえば、$117-27 \bmod 10$ はどうでしょうか？

「$117-27=90$ だから、$90=0 \bmod 10$ です」

そうですね。一般的には、次のようなことが成り立つと言えます。

$a=b \bmod n$ ならば、$a-b=0 \bmod n$ である。

a と b を n で割ったあまりを r として、それぞれの商を k、h とすると、$a=kn+r$、$b=hn+r$ という形になりますよね？ したがって、$a-b=(kn+r)-(hn+r)=(k-h)n$ となって、n の倍数になります。なので、$a-b$ を n で割ったときのあまりは0です。

ここまでついてこられましたか？ 続けて、累乗の剰余演算も復習してみます。累乗の剰余演算はとっても簡単です。もし、$3^{100} \bmod 10$ を求めるのに、3^{100} を直接計算していたらとても複雑になります。でも、剰余演算はとても簡単なんです。3の累乗を重ねながら mod 10 の値を求めると次のような結果になります。

$$3^2=9 \bmod 10$$

$$3^3=7 \bmod 10$$

$3^4=1 \bmod 10$

では、$3^{100} \bmod 10$ はいくつでしょうか？

「1です」

「うわぁ！ ジュアンって天才？ どうしてわかったの？」

指数の性質を知っていれば、すぐに解ける問題です。$3^{100}=(3^4)^{25}$ ですよね。なので、$3^{100}=(3^4)^{25}=1^{25} \bmod 10$ になります。比較的シンプルな例で説明してみましたが、もっと複雑な数でもやり方は同じです。

$3^{123} \bmod 10$ はいくつでしょうか？ ヒントをあげると、$3^{123}=3^{100}\times 3^{23}$ ということを生かします。$3^{100}=1 \bmod 10$ でしたね。なら、$3^{23} \bmod 10$ だけわかればよさそうです。

「$3^{23}=3^{20}\times 3^3=(3^4)^5\times 3^3$ だから、$3^{23}=3^3=27=7 \bmod 10$ です」

「じゃあ、$3^{123}=7 \bmod 10$ ですね！」

このように、**累乗の剰余演算は簡単ですが、剰余演算の累乗の方程式を解くのはかなり難しくなります。つまり、$a^k \bmod N$ から a を逆算するのはたいへんだということです**。累乗の剰余演算はコンピューターに任せれば簡単に計算できます。でも剰余演算の累乗の方程式はコンピューターでも解くのはたいへんで、モジュラス N が大きくなればなるほど難しくなります。

実際に確かめてみましょうか？ 前の授業で使ったモジュロ計算機をまた起動させましょう。モジュラスを10にして、3の123乗（3^{123}）を入力したら、答えは7と出てきます。

Modulo calculator

Expression
3^123

Modulus
10

Result
7

モジュラスの値を大きくしても、たいていは簡単に計算できます。次のように、モジュラスを 10332199874 にしても、パパっと計算してくれます。

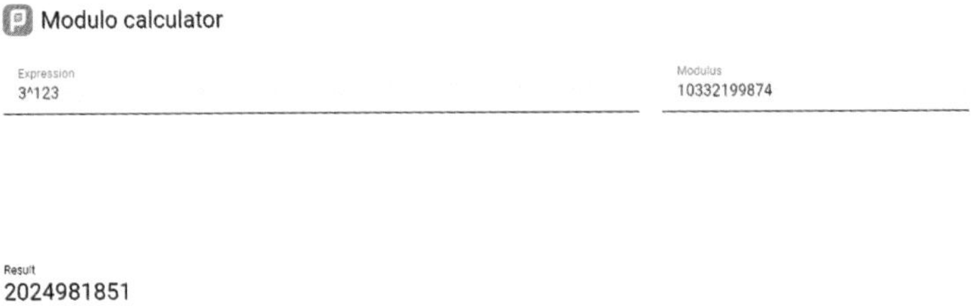

Modulo calculator

Expression
3^123

Modulus
10332199874

Result
2024981851

モジュラスの値をどれだけ大きくしてもすばやく計算できる理由は、答えの値がそれほど大きくないからです。モジュラスの値よりも答えの値はいつも小さくなるので、効率的に演算できます。しかし、同じ理由で数の長さや大きさが持っている情報がなくなってしまい、累乗根を探すのはさらに難しくなってしまいます。

「長さと大きさの情報って？」

大きさの情報がどれだけ重要なのか見てみましょう。$x^2=1000000$ なら、$x=1000$ だと推測できますよね。$x^2=100000000$ なら、$x=10000$ です。そうしたら、$x^2=107060409$ のときの x はどうでしょうか？ だいたい 10000 よりも少し大きい数だろうということが、すぐにわかります。このように数の大きさを推測した後、実際に試しながら x の値を探すことは、そこまで難しくありません。

たとえば、$10500^2=110250000$ です。なので、x が 10000 から 10500 の間の数であることがわかります。今度は少し範囲を狭めて、10300^2 の値を求めてみましょうか？ 106090000 と出てきましたね。

ならば、10300から10500の間の数までxの範囲を絞ることができます。このように、近似計算を続けていけば、やがて$x=10347$という正解にたどり着くことができます。

このようなことから、累乗根を探すときに長さと大きさがたくさんの情報を与えてくれるということがわかります。

「先生、長さってつまりケタ数のことですか？」

はい、そのとおりです。たとえば、1億であれば数の長さ、つまりケタは9つです。ですので、ここで言う「長さ」は「数のケタ数がどれだけ大きいか」を指します。

1ケタの数を2乗すると、だいたいは2ケタの数になることが多いです。2ケタの数を2乗したらどうなりますか？

「3ケタですか？」

50^2はいくつですか？

「2500です。2ケタの数を2乗したら、4ケタになることもありますね！」

そうです。3ケタか、4ケタになります。では、3ケタの500^2はどうですか？

「6ケタです！」

こんなふうに、**定量的・定性的な分析を練習してみるのもいいですよ。数に慣れていくことができますからね。**では、ある数aのケタ数を2乗したら、長さはどれくらいになるでしょうか？

「2倍長くなります」

そうですね。3乗すると3倍くらいになって、4乗したら4倍くらいになるでしょう。このように、a^2を見れば元々の数の長さがどれくらいだったか、簡単に予想することができます。そのため、a^kからaを探すことも難しくありません。でも、剰余演算をするとこういった情報がすべて消えてしまうので、元々の数を知ることがかなり難しくなります。もう少し詳しく見てみましょう。

N=1084790117597693937271763084574570511858682020282296481906670181023891548155144212725117888186309079413830042779189217243596983268111007982122877771563738540251604624169702077130104026843303779002492729208211964189944346895421954440085466439097345529185621962370002608117360169958304500945066012231808836881183671936177329395858107203182196602117107338082151740484847947310115784597211618760522571466879919783157250437448135206914678195218254097254219242827406407157677189238510364385098040691105414152480007206069070561031227518083768824042359667685973697968191619159293299756046234701084923266649377

「げげっ、先生これは何ですか？ 目がぐるぐる回っちゃいますよ」

僕たちが銀行のウェブサイトみたいなところで使っている公開鍵暗号のNの長さはこれぐらいなんですよ。

「うわぁ！」

ハハハッ。モジュラスがこれくらい長いので、a^kからaを逆算するのも難しくなってしまうわけです。

もうひとつ重要なのは、モジュラスNがわかっていても、そのNを素因数分解することがかなり難しいということです。今見たような大きさのNを素因数分解できると思いますか？

「いや、絶対にできない気がします」

これぐらいの大きさの数だとコンピューターでもできないでしょうね。でも、僕は次のように素因数分解しました。

2039568783564019774057658669290345772801938833143482630947726464532830627227012776329366160631440881733123728826771238795387094001583065673383282791544996983660719067664400270742171117805690872792848149112022863321448761833763265120835748216479339929612499173198362193042742802438031040150005637901 23

×

5318722890542041841850847343751333994083036139821308566452994649309521786060458488771291478203879964281755642282047858461412075324629363398341394124019753387057946465954873243651947928221894730922739935805879645716596780844841526038810941769955948133022842320060017521281689012935600518336468814362 19

僕はどうやってこんな大きい数を素因数分解できたのでしょうか？

「先生が天才だから……？」

「前の授業でやったじゃん！ 素数２つをかけあわせてNをつくったんですよね？」

ハッハッハッ。もう、みなさんをだますことはできなさそうですね。２つの素数を先に選んでおいたあとでそれをかけあわせてNをつくりました。だから、こんなに大きな数の素因数分解もできたというわけです。何か特別で天才的な計算方法があるわけではないんですよ。

まずNをつくるとき、300ケタの素数２つを探しました。この

300 ケタの素数はどうやって見つけたと思いますか？ これも簡単ではありません。だから、今も数学者たちが大きな素数を見つける方法を一生懸命開発しています。インターネットで検索すると、大きな素数の一覧を見ることができます。

たとえば、20 ケタの素数を探すとしましょう。グーグルで「primes with 20 digits」と検索すると、次のような結果が出てきます。

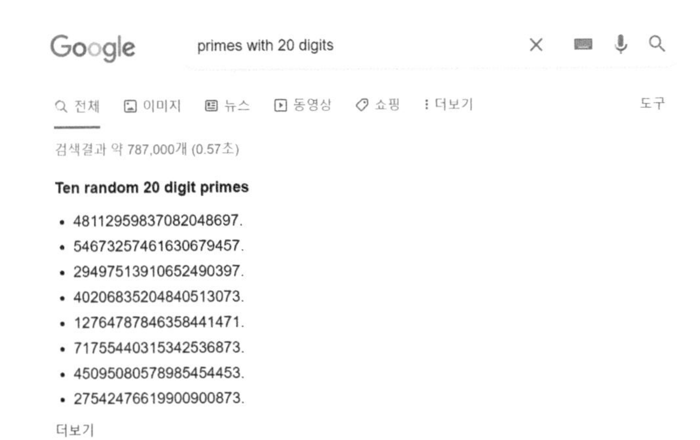

こんな感じで 300 ケタの素数を検索して、Nをつくりました。このように素数の組み合わせをあらかじめ知っていて数字をつくったわけでない限りは、一般的にはこれほど大きな数の素因数分解はコンピューターを使ったとしても難しいです。

もちろん、広く知られている素数を暗号に使ってしまったらダメですよね？ だから、大きな素数を効率的につくり続けられる方法がとても重要になります。ある種、最先端の研究だと言えるでしょう。

暗号解読の鍵①
フェルマーの小定理

ここからは、剰余演算の方程式を簡単に解く秘訣を解き明かしてみます。前にモジュラスNで割った剰余演算に触れましたが、ここでNが素数のときおもしろい現象が起きます。素数は英語で「Prime Number」というので、モジュラスが素数のときNのかわりにpと呼ぶことにします。ポイントは、pの倍数でない任意の自然数aを設定して、$a^{p-1} \bmod p$を計算すると1になるということです。このとき、モジュラスと指数が入るpが同じ素数であるというのが重要な条件です。

素数pがaの約数ではないとき
$a^{p-1}=1 \bmod p$である。

このことは、**フェルマーの小定理**と呼ばれています。前に習った**フェルマーの最終定理**と区別するために、「小定理」という名前がついています。

フェルマーの小定理のおかげで、モジュラスが素数のときの累乗の剰余演算は簡単になります。たとえば、$p=5$のときの剰余演算をしてみましょう。$p-1=4$なので、$3^4=1 \bmod 5$という答えが出てきます。

これをもとに、3^{100} mod 5を計算してみると、$3^{100}=(3^4)^{25}=1^{25}=1$ mod 5というように簡単に剰余演算をすることができます。

練習がてら、$a=7$、$p=11$のときの剰余演算をしてみましょうか？

「$p-1=10$だから、$7^{10}=1$ mod 11になります」

よくできましたね。じゃあ、この結果をもとに7^{1345} mod 11を計算してみると、どうなるでしょうか？　ヒントは、$7^{1345}=7^{1340}\times7^5$と分けて剰余演算をしてみてください。

「$7^{1340}=(7^{10})^{134}=1$ mod 11です」

さあ、あとは7^5だけが残っています。計算が必要かもしれませんね。$7^2=49=5$ mod 11です。したがって、$7^5=7^2\times7^2\times7=5\times5\times7$ mod 11と整理できます。そして、$5\times5=25=3$ mod 11なので、最終的には$7^{1345}=1\times3\times7=21=10$ mod 11となります。

$$7^2=49=5 \bmod 11 \rightarrow 7^5=7^2\times7^2\times7=5\times5\times7 \bmod 11$$
$$5\times5=25=3 \bmod 11 \rightarrow 5\times5\times7=3\times7 \bmod 11$$
$$7^{1345}=1\times3\times7=21=10 \bmod 11$$

「とっても不思議ですね！　どうしてこうなるのでしょうか？」

うれしい質問ですね。それに答えるためにはフェルマーの小定理の証明について中身を一緒に見ていく必要があるのですが、ここで説明するには複雑すぎるので省略します。数学ではある事実が与えられたときに、その事実を活用して慣れていったあと、証明を見てみるのもよい取り組み方です。僕たちも今からフェルマーの小定理をどんどん活用していきますが、その証明はあとでみなさんが自分のペースで勉強すれば十分ですよ。

2進法はなんで重要なの？

情報化の時代になって、2進法はその重要さを増しました。10進法だけでも十分なのに、なぜわざわざ2進法のことも知る必要があるのでしょうか？ それは、2進法がコンピューターの言語だからです。2進法とは、0と1で数字を表す方法で、10進法と似た原理で数を体系化した形で表します。

2進法を使うと、数字の長さが10進法のときよりも長くなります。およそ3倍くらいの長さになるのですが、それでも棒線よりは2進法の方がはるかに効率的です。2進法と10進法の書き表し方のちがいは次のとおりです。

0→0
1→1
2→10
3→11
4→100
5→101
…
100→1100100

では、2進法の強みは何でしょうか？ 数を機械のパーツだと思うと理解しやすくなります。たった2つのパーツでどんなものでも組み立ててつくることができるのです。コンピューターに保存される数が0と1の組み合わせだけで形づくられているのと同じようにです。

コンピューターの中でデジタルの情報を保存するとき、半導体はまさに2進法を使っています。半導体とは電流が流れる導体と電流が流れない絶縁体の性質をどちらも持っている物質です。電流を流すことも、流さないこともでき、この2つの状態の切り替えは簡単に行うことができます。

電流が流れる半導体を1、流れない半導体を0とすれば、半導体を「1101」と並べて数をコンピューターに保存することができます。そこに「10」を足す計算をすると「1111」になりますが、半導体1つの状態さえ変えれば数を簡単に保存しておくことができます。もし10進法を使っていたら、それぞれちがう状態のパーツが10個必要になるので、もっと複雑になっていたでしょう。

暗号解読の鍵②
オイラーの定理

さっきは、モジュラスが素数のときに累乗の剰余演算で起きる不思議な現象、フェルマーの小定理について勉強しました。ここからは、僕たちが元々気になっていたモジュラスNが2つの素数の積である場合について見てみましょう。

問題解決のアイデアは、次のようなものです。異なる素数pとqの積であるモジュラスN、そしてNと互いに素であるaがあります。このとき、$a^{(p-1)(q-1)}$をモジュラスNで剰余演算をすると、1が出てきます。

aとNが互いに素であるとき
$a^{(p-1)(q-1)}=1 \bmod N$である。

このことを、**オイラーの定理**と呼びます。フェルマーの小定理をもうちょっと一般化したものと思ってください。フェルマーの小定理によって、$a^{p-1} \bmod p$は常に1ですよね？ 同様に、$a^{q-1} \bmod q$の答えも常に1です。そして、$a^{(p-1)(q-1)}$は次のような2パターンとして書き表すことができます。

$$a^{(p-1)(q-1)}=(a^{p-1})^{q-1}$$
$$=(a^{q-1})^{p-1}$$

そのため、フェルマーの小定理を当てはめると、次の２つの式がどちらも成立します。

$$a^{(p-1)(q-1)}=1 \bmod p$$
$$a^{(p-1)(q-1)}=1 \bmod q$$

とすると、$a^{(p-1)(q-1)}-1$ にはどのような性質があるでしょうか？ あまりが１である数から１を引くので、剰余演算の結果は０になります。

$$a^{(p-1)(q-1)}-1=0 \bmod p$$
$$a^{(p-1)(q-1)}-1=0 \bmod q$$

このように２つの式が成立するけど、あまりが０というのはどういうことでしょうか？

「$a^{(p-1)(q-1)}-1$ が p の倍数でもありつつ、q の倍数でもあるということじゃないでしょうか？」

そうです。だから、$a^{(p-1)(q-1)}-1$ は N の倍数にもなります。これは素数のとても重要な性質です。

自然数 M が異なる素数 p と q の倍数のとき
M は pq の倍数である。

その理由は、素因数分解を思い浮かべれば簡単です。M が p の倍数ならば、Mを素因数分解するとpが出てきます。同様に、Mがqの倍数であれば、Mを素因数分解するとqが出てきます。ということは、素因数分解をしたときに、$M=pq\times$（他の素因数）という形で表れるはずですよね？ そのため、Mはpqの倍数に必ずなるのです。このことを式で整理すると、次のような答えを得ることができます。

$$a^{(p-1)(q-1)}-1=0 \bmod N$$
$$\downarrow$$
$$a^{(p-1)(q-1)}=1 \bmod N$$

「あれっ、どうしてこうなるんでしょうか？」

$a^{(p-1)(q-1)}-1=0 \bmod N$は、$a^{(p-1)(q-1)}-1$が$N$で割り切れるという意味ですよね？ つまり、$a^{(p-1)(q-1)}-1$は$N$の倍数だということです。この割り算の商を$d$とすると、$a^{(p-1)(q-1)}-1=dN$です。そうすると、$a^{(p-1)(q-1)}=dN+1$なので、$a^{(p-1)(q-1)}$を$N$で割った時のあまりは何になるかな？

「1です」

そうです。だから、$a^{(p-1)(q-1)}=1 \bmod N$になります。

実際にオイラーの定理に数字を当てはめて確かめてみましょうか？ $a=2$、$N=3\times5=15$としましょう。すると、次のような式になりますよね。

$$2^{(3-1)(5-1)}=2^{(2\times4)}=2^8$$
$$2^8=?\bmod 15$$

$2^4 \bmod 15$の計算をすると、何が出てきますか？

「1です」

そのとおり。ならば、2^8 mod 15も1になりますね。

もう1回だけ練習してみましょう。a=3、N=3 × 5=15とすると、オイラーの定理を使うことができません。aとNが互いに素ではないからです。なので、a=2、N=3 × 7=21にしましょう。では、$(p-1)(q-1)$を計算した数はいくつになるでしょうか？

「2×6=12です」

2^{12}= ? mod 21

2^5 mod 21の演算をすると、2^5= 32なので11が出てきますね。2^{10} mod 21の演算をすると、11 × 11=121で、121 ÷ 21をするとあまりは16です。$2^{12}=2^{10}\times2^2$ mod 21を解くと、16×4=64で、64 ÷ 21のあまりは1になります。

ここまで、オイラーの定理について確かめてみました。ここからはこの定理を活用する方法について見ていきます。

ついに明かされる数字マジックの秘密

オイラーの定理を活用できる場所はとてもたくさんあります。この授業では暗号とオイラーの定理の関係だけにフォーカスします。前の授業で、公開鍵暗号を解くのはすごく難しいという話をしたのを覚えていますね？

「はい！」

公開鍵暗号の考え方について、ちょっとだけ復習しましょう。東大門銀行がモジュラス N と指数 k を決めて、公開鍵を公表します。このとき、k の値に注意する必要があるのですが、それはまたあとで説明します。$N=p\times q$、つまり N は素数 p と q をかけあわせてつくった数で、素因数分解の答えは銀行だけが知っています。モジュラス N、指数 k は公表していますが、素因数 p と q は明かさないということです。N はとても大きな数なので、N から p と q を逆算することは不可能に近いでしょう。

「前に先生が見せてくれた数みたいに、N は大きな数なんですか？」

そうですよ！ 僕はあの数をどうやってつくったって言いましたっけ？

「先生が元々知っていた 300 ケタの素数 2 つをかけたって言ってました」

しっかり覚えていましたね。このような公開鍵暗号のやり方でだれかが僕にaというメッセージを送るとします。aをk乗したあと、mod Nをしてbと暗号化された状態で送られます($a^k=b$ mod N)。そうすれば、ハッカーが途中でbを手に入れたとしてもaにたどり着くことはできません。

$$\text{メッセージ}\ a \rightarrow \text{公開鍵}\ (N,k) \rightarrow a^k \bmod N \rightarrow \text{暗号}\ b$$

さあ、そうすると東大門銀行はbという暗号をどうやって解読するのでしょうか？ ハッカーも解けない暗号なのに、銀行も解けないんじゃないでしょうか？ 以前、簡単に説明しましたが、みなさんが僕に送った暗号を解く過程で素因数分解を使って元々の暗証番号を見つけたといいましたよね。今から、そのことについて少し詳しく話していきます。

僕は素因数分解にオイラーの定理を使ってみなさんの暗証番号を見つけました。オイラーの定理って何でしたっけ？

「$a^{(p-1)(q-1)}=1$ mod Nです」

$N=pq$という素因数分解について知っていれば、$(p-1)(q-1)$を計算できますよね？ このとき、pとqはわからない状態でNだけ知っても$(p-1)(q-1)$は計算できません。

$$(p-1)(q-1)=pq-p-q+1$$

式を見れば、Nだけ知っているときpqはわかっても$-p-q+1$が計算できないことがわかりますね？ だから、素因数そのものは知らずにモジュラスNだけを知っても暗号は解けないのです。

次に、kについて考えてみましょう。公開鍵をつくるときは指数kに注意する必要があると言ったのを覚えていますか？ ここで、もう1つの剰余演算が登場します。kを決めるとき、次のようにあらかじめ計算しておきます。

$$\frac{1}{k} \bmod (p-1)(q-1)$$

暗号化の仕組みのポイントは、Nで剰余演算をすることですが、それで使われる公開鍵を決めるときに$(p-1)(q-1)$で剰余演算をしなくてはいけません。この計算のために、$\frac{1}{k}$をまず見てみましょう。$\frac{1}{k}$**という形の剰余演算をするためには、kとモジュラス$(p-1)(q-1)$が互いに素でなくてはいけない**ということを覚えていますね？

たとえば、$N=15$の場合、pqはどうなるかな？

「3×5です」

そうすると、$(p-1)(q-1)$は$2\times4=8$になりますね。このとき、$k=3$とすれば、モジュラス8とは互いに素です。

$$\frac{1}{3} \bmod 8$$

この剰余演算をすると、何が出てきますか？

「3です」

そう、よく覚えていましたね。$\frac{1}{c}=d \bmod N$という剰余演算は、実質$cd=1 \bmod N$を満たすdを探す問題です。

$$\frac{1}{c} = d \bmod N$$
$$cd=1 \bmod N$$

元々僕たちが解こうとしていた問題、$\frac{1}{k}\bmod (p-1)(q-1)$ の計算に戻りましょう。この剰余演算の答えを e とします★5。そうすると、$ke=1 \bmod (p-1)(q-1)$ になります。ke を $(p-1)(q-1)$ で割った商を r とすると、$ke=(p-1)(q-1)r+1$ ということがわかります。

$$ke=(p-1)(q-1)r+1$$

つまり、最初に銀行で公開鍵の暗号をつくるとき、暗号を解く式である $b^e \bmod N$ のことも考えて指数 k と e まで計算してあったんです。e は銀行から公開されませんし、他の人にもわかりません。p と q がわからないですからね。まとめると、p、q、e は明かさずに、k と N だけ公開するというわけです。

メッセージ a から $a^k \bmod N$ という剰余演算を通して、暗号 b を作ります。銀行は暗号 b を受け取った後、$b^e \bmod N$ を計算します。そうすると何が起きるのか、確かめてみましょう。

結果、$a^k=b \bmod N$ なので、$b^e=a^{ke} \bmod N$ になります。さきほど、$ke=(p-1)(q-1)r+1$ だという話をしましたね？ これを a^{ke} に代入すると、$a^{(p-1)(q-1)r+1}$ というように式を展開できます。そして、これをもうちょっと整理していくと、$\{a^{(p-1)(q-1)}\}^r \times a$ という形を作ることができます。あれっ？ 見慣れた式が出てきましたね？ $a^{(p-1)(q-1)}$ を見ていると、何か思い浮かんできませんか？

「オイラーの定理です」

★5 アルファベットのeは通常は自然対数の底（ネイピア数）を表します。ここでは話の流れがわかるように原書にしたがって、剰余演算の答えをeという記号にしています。

「pとqが素数のとき、$a^{(p-1)(q-1)}=1 \bmod N$でした」

そうですね。ということは、$1^r \times a \bmod N$なので、つまり$b^e=a \bmod N$になります。このような理由から、eを知っている銀行では暗号bから元々のメッセージaを簡単に知ることができるのです。

$$\begin{aligned} b^e &= a^{ke} \bmod N \\ &= a^{(p-1)(q-1)r+1} \bmod N \\ &= a^{(p-1)(q-1)r} \times a \bmod N \\ &= \{a^{(p-1)(q-1)}\}^r \times a \bmod N \\ &= a \bmod N \end{aligned}$$

ここで注意しなくてはいけないことが2つあります。まず、$a^{(p-1)(q-1)}=1 \bmod N$となるには、pとqがaと互いに素でなくてはいけないですよね？　だから互いに素となるように調整が必要となるかもしれませんが、とくに心配する必要はありません。pとqがとても大きな数なのでaがどんな数だろうとpやqで割れる可能性は0に近いです。なので、このとき多くの場合でオイラーの定理が成立すると考えていいわけです。

もう1つ注意すべき点があります。最後に出てくる$a \bmod N$とは、厳密にはaをNで割ったあまりですが、このあまりの数がaの情報を失わないためには1つの条件があります。何でしょうか？　たとえばモジュラス$N=143$だとして、$a=200$だったら、$200=57 \bmod 143$です。

「あっ！　aが大きすぎる数だとダメです！」

そうです！　より正確に言うならば、$a<N$のとき$a=a \bmod N$となります★6。はじめにNを大きく設定する必要がある理由もここにあり

ます。僕たちが隠したいメッセージはすべてNよりも小さな数でなくてはいけないのです。Nがさっきみたいに600ケタくらいあればとくに問題ありません。みなさんの暗証番号はもっと小さい数ですよね？ なのでNを大きくしておけば大丈夫です。たとえば、暗証番号が10ケタのaだとしましょう。すると、600ケタあるNはaよりもはるかに大きいですよね？ だから、$a=a \bmod N$になります。

ここに実はちょっとした問題があったりします。a^kがNよりもずっと大きければ、$b=a^k \bmod N$からaの情報を逆算するのが難しいですよね？ どうしたらいいかな？

「kを60よりも大きくすればいいんです」

ええ、そうすれば600ケタ以上になるからNよりも大きくなります。なので、$b=a^k \bmod N$は安全な暗号として使うことができるのです。

ここまで公開鍵暗号の原理について勉強してみました。

★6　$a<N$でなくてもかってな自然数a, Nに対して、$a \equiv a \bmod N$が成り立つとするのが一般的ですが、原書にしたがって訳出しています。

東大門
マジックシアターの
新しいマジシャンたち

前回の授業で僕が暗証番号をどうやって当てたのか、その方法はもうよくわかりましたよね。じゃあ、みんなで一緒にボラムさんの暗号を解いてみましょうか？

「フフッ、一筋縄ではいきませんよ。私の暗証番号を当ててみてください」

- **モジュラス N：1364749**
- **指数 k：3**
- **ボラムの暗号 b：840562**

$N = 1364749$、$k=3$ という公開鍵を使って、840562 という暗号をつくったわけですね。元々の暗証番号を知るために、銀行は何をするんでしたっけ？

「b^e を剰余演算するんです」

公開鍵暗号を解読する方法：

$$b^e \bmod N \rightarrow a$$

そのとおり。今僕たちはbとNを知っているので、eだけ求めればよさそうですね。eはどうやって計算しますか？

「$\frac{1}{k} \bmod (p-1)(q-1)$っていう剰余演算をしなくちゃいけません」

「$N=1364749=1049\times1301$だから、$\frac{1}{3} \bmod 1048\times1300=\frac{1}{3} \bmod 1362400$で……それをモジュロ計算機に入れたら$e=908267$が出てきました」

Modulo calculator

Expression
1/3

Modulus
1362400

Result
908267

いいですね。さあ、あとは最後の計算だけです！

「モジュロ計算機で$840562^{908267} \bmod 1364749$をやってみます。うーん……出た！ 暗証番号は940912です」

「うわぁ、大正解！ 私の暗証番号は940912、そのとおりです！」

ハハハッ。みなさんすばらしいですね。

量子コンピューターが実現したら何が起こるの？

世界のあらゆるパスワードがハッキングされちゃうかも

量子コンピューターで公開鍵暗号を解けるということが最近話題です。量子コンピューターで計算すると、モジュラスNがどれだけ大きくても素因数分解をできるだろうといわれています。

えっ、そんなことが起きたら一大事じゃないんですか？

量子コンピューターは量子力学を活用して計算を行うコンピューターですが、スーパーコンピューターの限界を越える未来のコンピューターとして大きな期待が寄せられています。最近人気がある分野の１つで、かなりたくさんの人たちが研究をしています。

わぁ、僕も勉強してみたいです！

実際に量子コンピューターが発明されたら、どんなことが起こるでしょうか？

ハッカーたちが世界のいろんなパスワードを全部解読しちゃうかもしれません。

そうですよね。そんなことが起きたらたいへんです。コンピューターのシステムに重要な情報をたくさん保存している今日の社会では、ハッキングをされるということは原子爆弾が落ちるくらい危険な話です。だから、量子コンピューターが実際に発明されたらたいへんだと心配している人たちも実は多いんですよ。

では、まだ量子コンピューターはないんですね？

ええ、まだ発明されていません。とても小さなコンピューターが一応あるのですが、正式に量子コンピューターと呼べるほど、まだ性能はよくありません。量子コンピューターの開発を実現するのは重要な研究課題ですが、まだものすごく大きな数を素因数分解できるくらいの性能を持ったコンピューターはなさそうです。

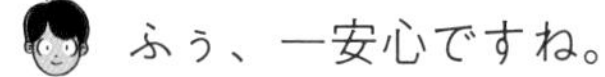
ふぅ、一安心ですね。

量子コンピューター開発に賛成vs反対

量子コンピューターが本当に開発されたら、大きな数をあっという間に素因数分解できるようになります。そうすると、アメリカやイギリスのような国の情報機関は大慌てです。彼らにはこんなミッションが与えられるでしょう。「量子コンピューターでも解読できない公開鍵暗号を開発せよ！」実際に、もういくつかの研究センターに与えられている課題でもあります。

なら、量子コンピューターの開発を禁止しちゃえばいいんじゃないですか？

量子コンピューターが開発されたらたいへんなことが起きるのに、その一方で科学者たちが一生懸命研究しているなんて、なんだかおかしいですよね？ でも、科学を研究している人たちは、よく次のように考えます。とても悪いことを引き起こすかもしれない技術でも、人類を進歩させる可能性があるじゃないかと。「大いなる悪をもたらすかもしれない技術は、同じくらい大いなる善をもたらすこともできる」ってね。

うーん、難しい問題ですね。

結局は私たち人間が科学技術をどう使うかにかかってるんですね。

そうですね！ だから量子コンピューターでも解けない暗号を開発することも重要な課題だし、量子コンピューター自体を完成させることも重要な研究です。たぶん、アインやジュアンが大人になるころには、どちらの分野もかなり進歩していることでしょう。

授業後

数理医学?
なんだかおもしろそう!

楽しい本になるように、
しっかりつくらなくっちゃ

やっぱり一番好きなのは
英語だけど、
数学も意外とおもしろい

みなさん
数学が
もっと好きに
なれたかな?
また会いましょう!

エピローグ

さようなら！
東大門数学クラブ

エピローグ

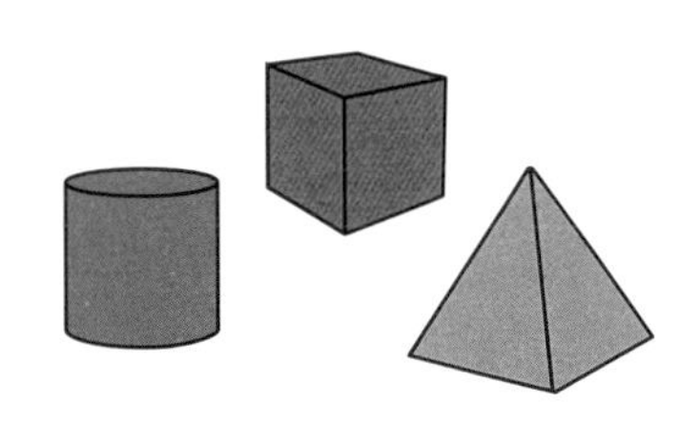

病気を治すときにも数学は必要

これですべての授業が終わりました。

終わっちゃうなんてさみしいです。

時間があっという間に過ぎた気がします。

僕もです。ジュアンって、どうして勉強が好きになったのかな？

勉強することが好きっていうよりは、かなえたい夢があるからがんばっている気がします。

へぇ！ ジュアンの夢は何ですか？

医者になりたいです。前から人を助ける仕事をしたいと思っていたんですけど、最近あるテレビ番組で胸部外科学のお医者さんたちが話しているのを見て、すごくカッコよくて僕も医者になりたいって思ったんです。

なるほどね。医学の研究にも興味はある？

はい。

ジュアンは数学と科学が好きだから、医学の研究もきっとピッタリだと思いますよ。最近、研究が活発に行われている学問の中に、数理医学（Mathematical Physiology）という分野があります。体に関する数学的なモデルをつくるというのが、この分野の基本的な思想です。

初めて聞いた分野です。

僕も初めてです。先進医療みたいなものですか？

そうですね。最近では医学の分野でもコンピューターを使うことがとても大事じゃないですか？ 数多くの医学的な情報をコンピューターで処理しないといけないですからね。だから、医学の分野でも数学的な方法論は大切です。人体も数学的にモデル化できますしね。だから数理医学にも関心を持って注目しておくと、楽しく勉強できる領域が今後もっと増えていくと思いますよ。例をあげると、イタリアの応用数学者、アルフィオ・カルテローニは心臓の数学的モデルをつくっています。とても精密なモデルで、5秒間の心臓の動きをコンピューター上でシミュレーションするのに、今の技術では48時間も計算に時間がかかるといいます。

「数学の目」で見てみる名画の条件

アインは絵を描くのが好きだって言ってましたよね？ 芸術作品をよく見に行ったりする？

はい、展覧会によく行きます。

そうなんですね。美術の歴史についても調べてみたことはあるかな？

だいぶ前に本で読んだことはある気がします。

美術が好きだったら、美術史についても調べてみるときっとおもしろいと思いますよ。「人類の長い歴史の中で芸術作品はどのように変わっていったんだろう？」「この作品はどういう発想から生まれたのかな？」とか、いろんな疑問がわいてくると思います。

でも好きな作品を選ぶのって、すごく難しい気がします。たまに、ある作品を見てすごいなと思うことはあっても、どこがいいと思ったのかわからないときもありますし。

よく、とても写実的に描かれた絵が優れた芸術作品だとされます。でも、そうでない作品の中にも優れたものはたくさんありますよね？ たとえば、ピカソの絵なんかはとても抽象的です。抽象画の中には、何を描いた絵なのかさえわからないものもあります。優れた芸術作品がどんなものなのかについては、実は数学的な視点でアプローチすることもできるんですよ。

数学的ってことは、モンドリアンの作品みたいに比率がピッタリ合わせられた絵のことでしょうか？

ダビデ像とかも比率がきれいですよね。

とても興味深い例を2つあげてくれましたね。ミケランジェロのダビデ像は、人体の比率をかなり精巧に捉えている作品です。たぶん、作者自身も彫刻をつくりながら比率についてたくさん考えたのだと思います。その当時、人々が理想的だと考えていた人体の比率について知ることができる作品だともいえます。一方で、モンドリアンのような20世紀の芸術、その中でも抽象画はまた別の観点で数学的です。僕たちが見ているモノの本質を数学的に表現しているといえるでしょう。数学が見る世界とモンドリアンに見えている世界の姿はどちらも、僕たちの一般的な視覚とはちがってかなり抽象的です。そんな共通点があるのも、きっと偶然ではないはずです。

 へえ、そういう見方もできるんですね。

 ルネサンスの時代の人たちも、20 世紀の人たちも、みんな彼らなりの数学的な視点を芸術作品を通じて表現したのだと思います。僕がこんな話をする理由は、数学的な目で僕たちのまわりを見渡してみると、僕たちのくらしと数学を結ぶ点がかなりたくさんあるということをみなさんに伝えたかったからです。だから、これからも数学について関心を持ち続けてほしいと思います。

数学、好きですか？

 じゃあ、最後ですがはじめてみんなに会ったときに聞いた質問をもう一度しようと思います。

 あれですね！

 みなさん、数学は好きですか？ 僕の目の前だと答えづらいかもしれませんけどね。ハハハッ。

 ハハッ！

 ジュアンはどうですか？

 僕は……すごく好きになりました！

 本当に～？

 本当ですって！

 私も授業を聞いてみて、数学が思っていたよりも身の回りでたくさん使われていると知っておどろきました。ストローの穴の話も、とてもおもしろかったです。先生の授業を聞いて、数学が好きになりました。

 それはよかった。最後にお願いが1つあるとすれば、みんなこれからも数学を好きでいてくれたらうれしいです。授業という形ではなくても、また会って楽しくおしゃべりをしましょう。

  先生、ありがとうございました！

| 著　者 |

キム・ミニョン

Min-hyong Kim

エジンバラ大学碩座教授、エジンバラ国際数理科学研究所長。ソウル大学数学科を卒業し、イェール大学で博士号を取得。2011 年に韓国人数学者としてはじめてオックスフォード大学正教授に任用。世界的数理論学者として活躍する一方、わかりやすい言葉で数学の魅力を伝えている。邦訳書に『教養としての数学』(プレジデント社)。

| 訳　者 |

須見春奈

すみ・はるな

早稲田大学政治経済学部卒。ロンドン大学東洋アフリカ研究学院、延世大学に留学。第6回「日本語で読みたい韓国の本　翻訳コンクール」にて最優秀賞を受賞。訳書にチャン・ウンジン『僕のルーマニア語の授業』(クオン)。

| 監訳者 |

山本昌宏

やまもと・まさひろ

東京大学大学院数理科学研究科教授。専門は偏微分方程式の解析で、『東京大学の先生伝授 文系のためのめっちゃやさしい』シリーズの数学の分野(ニュートンプレス)などの監修を務める。

ようこそ、数学クラブへ

暗記もテストもない、もっと自由な「数」と「形」の世界

2024年1月10日　初版

著　者　キム・ミニョン

訳　者　須見春奈

発行者　株式会社晶文社

東京都千代田区神田神保町1-11　〒101-0051
電話（03）3518-4940（代表）・4942（編集）
URL　https://www.shobunsha.co.jp

印刷・製本　中央精版印刷株式会社

ISBN978-4-7949-7400-6　Printed in Japan

好評発売中

数の悪魔
エンツェンスベルガー

数の悪魔が数学ぎらい治します！　1や0の謎。ウサギのつがいの秘密。パスカルの三角形……。ここは夢の教室で先生は数の悪魔。数学なんてこわくない。数の世界のはてしない不思議と魅力をやさしく面白くときあかす、オールカラーの入門書。

こころを旅する数学
ダヴィッド・ベシス

得意なひとと苦手なひと、極端に分かれてしまうのはなぜ？　数学は「学ぶ」ものではなく「やる」もの。自転車のこぎ方のように、正しい方法を教わり使うことで自分の身体の一部になる。さまざまなエピソードをひも解き、深い理解と柔軟なメンタルへ導く。

教室を生きのびる政治学
岡田憲治

心をザワつかせる不平等も、友だち関係のうっとうしさも、孤立したくない不安も……教室で起きるゴタゴタには、政治学の知恵が役に立つ! 学校エピソードから人びとのうごめきを読みとけば、人が、社会が、政治が、もっとくっきり見えてくる。

5歳からの哲学
ベリーズ・ゴート、モラグ・ゴート

5歳以上の子どもに哲学の手ほどきをする本。基礎知識を学んだ経験がなくても心配なし。本書で身につくのは5つの力:批判的な論理的思考力、創造的思考力、集中力、聴く力、社交性。プランに沿って、親と子、先生と子どもたち、いっしょに哲学を楽しもう。

もし友だちがロボットだったら？
ピーター・ウォーリー

子どもの考え続ける力を養う哲学対話。大人がアシストすれば、子どもたちは哲学を自然と楽しめるようになる。哲学対話の第一人者が教える30の対話プラン。短い物語のあとに続くいくつもの問いをたどり、活発な議論と深い思考へ子どもたちを導いていく。

考える練習をしよう
マリリン・バーンズ　マーサ・ウェストン 絵

頭の中がこんがらかって、何もかもうまくいかない。あーあ、もうだめだ！　そういう経験のあるひと、つまり、きみのために書かれた本だ。こわばった頭をときほぐし、楽しみながら頭に筋肉をつけていく問題がどっさり。累計20万部のロングセラー。